蜂胶百问

第二版

吕泽田　徐景耀　主编

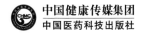

中国健康传媒集团
中国医药科技出版社

内 容 提 要

　　《蜂胶百问》第一版面世以来广受读者喜爱，近二十年来，国内外蜂胶的研究与应用都取得了很大进展，取得了很多新的成果，消费者的消费观念，蜂胶市场等也发生了很多变化。有鉴于此，作者在第一版的基础上对书稿重新进行了梳理，从蜂胶的基本知识，蜂胶的医疗保健作用，蜂胶的消费常识三个方面入手，对蜂胶做了详细的介绍，书稿采用问答形式，内容通俗易懂，科学实用，可供广大蜂胶爱好者阅读。

图书在版编目（CIP）数据

　　蜂胶百问 / 吕泽田，徐景耀主编 . —2 版 . —北京：中国医药科技出版社，2024.4（2025.4重印）

　　ISBN 978-7-5214-4539-8

　　Ⅰ . ①蜂… 　Ⅱ . ①吕… ②徐… 　Ⅲ . ①蜂胶—问题解答 　Ⅳ . ① S896.6-44

　　中国国家版本馆 CIP 数据核字（2024）第 060231 号

美术编辑　　陈君杞
版式设计　　也　在

出版　**中国健康传媒集团** | 中国医药科技出版社
地址　北京市海淀区文慧园北路甲 22 号
邮编　100082
电话　发行：010-62227427　邮购：010-62236938
网址　www.cmstp.com
规格　880 × 1230mm $^{1}/_{32}$
印张　6 $^{3}/_{8}$
字数　152 千字
初版　2006 年 2 月第 1 版
版次　2024 年 4 月第 2 版
印次　2025 年 4 月第 2 次印刷
印刷　河北环京美印刷有限公司
经销　全国各地新华书店
书号　ISBN 978-7-5214-4539-8
定价　**35.00 元**

获取新书信息、投稿、为图书纠错，请扫码联系我们。

编委会

主编　吕泽田　徐景耀

编委　胡福良　周　萍

　　　卢　岗　颜鉴翔

序

"学诗大略似参禅，且下功夫二十年"。2005年《蜂胶百问》正式出版，作为中国蜂产品协会蜂胶专业委员会的重要工作成果，它在指导企业生产和科学推广蜂胶产品方面无疑发挥了积极的作用。时隔二十载，已将耄耋之年的吕泽田先生，在刚刚牵头完成《蜂胶国际标准》编制工作，《蜂胶国际标准》正式颁布之际，就着手推动《蜂胶百问》再版。老先生对蜂胶产业的拳拳之心、殷殷之情令人感动和敬佩。

在过去20年中，伴随蜂胶产业的发展，国内外蜂胶科研持续深入，很多新的科研成果进一步揭示了蜂胶的营养与保健机理，印证了蜂胶的应用功效，为蜂胶产业不断拓宽发展空间创造了条件；以技术标准为主要支撑的蜂胶生产与销售规则体系日臻完备，为更好指导企业生产和维护消费者权益提供了扎实保障；蜂胶产品的开发与应用更加多元，在为消费者提供更丰富选择的同时，也让消费者更加渴望获得有关蜂胶产品的基本知识，以便做出更妥当的选择。

长期以来，中国蜂产品协会倡导对蜂产品的"科学认知理性消费"。从这一角度看，20年来，由技术驱动的产品创新，由法规驱动的食品安全管理体系的不断健全和消费升级驱动的消费行为带来的深刻变革，都使得原版《蜂胶百问》引导的"科学认知"，已无法充分满足当下"理性消费"的需求。在这个时候重新修订和出版《蜂胶百问》，极为必要，恰逢其时。

这本书能修订再版令人高兴。不仅是因为《蜂胶百问》在普及蜂胶应用中一定能够发挥应有作用，是蜂产业发展的重要物质财富；更是因为，《蜂胶百问》的修订让我看到老一辈蜂业人，在蜂业发展跌宕起伏中坚守始终、乐于担当奉献的风貌，这是值得蜂业界薪火相传的精神财富。

中国蜂产品协会会长

2024 年 1 月 8 日

再版前言

《蜂胶百问》自 2005 年出版发行，近二十年来，国内外蜂胶的研究与应用都取得了很大进展，也取得了很多新的成果，消费者的消费观念，蜂胶市场也发生了很多变化。

首先，原来引用的很多数据，随着相关研究的进展发生了很多变化，此次再版予以了调整和更新。

其次，鉴于蜂胶的研究和应用取得了很多新的进展，借本次再版进行了相关的调整、补充和解答。

针对不少读者提出的诸如"蜂胶及蜂胶产品的标准是什么？为什么说蜂胶是紫色黄金？复方蜂胶是怎么回事？效果会更好吗？蜂胶含有激素吗？中国牵头起草的《蜂胶国际标准》被正式批准发布，能否介绍一下？《蜂胶国际标准》与我国《蜂胶》国家标准有何不同？"等新的问题，编者都一一做了解答。

为使本书再版的内容更具科学性，编者特邀了中国蜂产品协会蜂胶专业委员会首席专家、浙江大学动物科学学院胡福良教授，以及中国蜂产品协会蜂胶专业委员会周萍、卢岗两位专家参加了解答，并对再版的内容进行了审核把关。

为满足一些读者想更深入了解国内外蜂胶研究应用进展情况的需要，特将胡福良教授团队所著 124.1 万字的《蜂胶研究》摘要版《国内外蜂胶研究动态》（节选）作为附录 1 编入了本书。

限于水平，对本书的不妥和疏漏之处，热忱希望各位读者给予指正，以便今后继续补充和提高。

中国蜂产品协会蜂胶专业委员会主任委员

2023 年 12 月 28 日于北京

前　言

　　蜂胶、蜂蜜、蜂王浆、蜂花粉等蜂产品是蜜蜂采集加工或自身分泌而成的天然物质。这些物质是蜜蜂种族生存和繁衍所必需的。国内外科学家长期研究应用的实践证实，蜂产品是营养最全面的具有保健和疗效作用的佳品。蜂产品含有多种神奇的生理活性物质，能够治疗和辅助治疗多种疾病，有益于人们的健康长寿。

　　其中，蜂胶更是被誉为"天然广谱抗生素""天然抗氧化剂""血管的清道夫""免疫增强剂""天然药物成分的浓缩物"等。本来蜂胶是蜜蜂用来修补和加固巢房，防止巢内受微生物的侵害和其他生物体的腐败。蜂胶被人类利用以来，逐渐发现其对多种疾病和疑难杂症确有显著的疗效，因而引起世界各国众多专家、学者的关注。蜂胶的研究应用在国外流行较早，最早的应用记载可追溯到公元前4000多年。我国对蜂胶的研究始于20世纪50年代末期，到20世纪90年代初进入市场，被广泛用于保健食品、药品、日化产品和化妆品上，市场销量逐年增长。可以说，蜂胶已在人类生活中显示出积极的作用。

随着蜂胶产品市场的不断发展，越来越多的人提出了有关蜂胶方方面面的问题。为了能够较为全面、客观、准确地回答消费者的问题，编者根据多年对蜂胶进行研究及应用的结果，同时参考业内部分专家、学者编著的文献，编著成《蜂胶百问》一书。可以说本书的完成也是蜂胶业内多位高层专家学者共同研究与实践的结果。希望更多的人通过此书来认识、了解、应用蜂胶，为您的健康服务。

限于水平，本书肯定有不妥和疏漏之处，热忱希望各位读者给予指出，以便今后补充和提高。同时，对本书引用参考文献的作者、出版者在此一并表示感谢！

中国蜂产品协会蜂胶专业委员会秘书长

2005 年 11 月

 目 录

第一部分 蜂胶的基本知识

第二部分　蜂胶的医疗保健作用

第三部分　蜂胶的消费常识

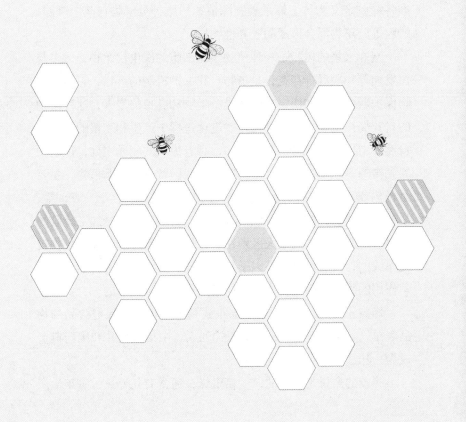

第一部分

蜂胶的基本知识

1 蜂胶到底是什么

蜂胶是蜜蜂从针叶林或阔叶林幼芽与树干上采集的树脂、挥发油等分泌物，经过蜜蜂反复咀嚼加工，与蜜蜂上颚腺、舌腺等腺体分泌物和一定比例的蜂蜡、花粉混合转化而成的一种具有芳香气味和黏性的天然固体胶状物。2009年我国首部蜂胶国家标准将蜂胶定义为"工蜂采集胶源植物树脂等分泌物与其上颚腺、蜡腺等分泌物混合形成的胶黏性物质。"

蜜蜂采集的树脂是一种植物组织细胞的次生代谢物，大多与挥发油等物质混合存在，是植物自我保护机制的产物，它能使植物保护新生幼体和伤损部位免受微生物和昆虫的侵害，这种植物的自我保护机制，是植物在自然进化过程中产生和完善的。这种自然界中形成的保护机制的产物，有着惊人的相通之处，逐渐发展到蜜蜂等生物乃至人类得到共享。我国常见的胶源植物，主要是杨树属和柳树、松树、桦树、榆树、槐树和桃、李、杏、栗、梨树等。然而，树脂并不能代替蜂胶。树脂仅是蜜蜂加工蜂胶的原料。蜂胶与树脂的最大区别在于，蜂胶是经过蜜蜂通过生物转化而成的，具有更多活性因子和更广泛、更明显的生物学与药理学作用的物质。因此，蜂胶与树脂是不能同日而语的。

蜂胶于2002年被原卫生部正式列入"可用于保健食品的物品名单"，2005年起，蜂胶被正式列入《中华人民共和国药典》，成为一味法定的中药。

蜂胶的产量是有限的，一箱蜜蜂，通常有几万只，每年生产蜂胶不过 150~300g 左右。全世界每年生产的蜂胶比黄金要少很多，所以蜂胶又被称为是"紫色黄金"，形容它很稀少，很珍贵。

植物的树脂　　　　　　　　　　自身的分泌物

　　蜜蜂不辞辛苦，长年累月地采集树脂加工成蜂胶，是因为蜂胶对蜜蜂的生存与繁衍有着不可替代的保护作用。随着人们对蜂胶研究的深入，对蜂胶的认识也不断加深。发现蜂胶对人类具有奇特的保健功能，对多种疾病有防治作用。蜂胶已成为人类健康十分宝贵的资源，正在越来越广泛地应用于药品、保健食品、食品添加剂和化妆品等领域的生产加工。人类对蜂胶的研究与应用，方兴未艾，前景广阔。

2 人类何时开始利用蜂胶，何以今日蜂胶盛行

说起人类利用蜂胶的历史，可以追溯到公元前 3000 多年。那时人类就已经发现了蜂胶对蜜蜂重要的保护作用。人们最早对蜂胶的认识是发现其具有优异的抗菌防腐作用。

早在 6000 年前，古埃及人相信人死了灵魂还在，灵魂会附着在死人的遗体上，保存好遗体，很可能有一天死人会复活，由于发现蜂胶具有抗氧化作用及防止尸体腐败的作用，因此，蜂胶成为制作"木乃伊"不可或缺的物质。

古埃及人用蜂胶将法老王的遗体制作成"木乃伊"，这源于古埃及人发现蜜蜂会将无法搬运出蜂巢的死蜜蜂和入侵的小老鼠等的尸体用蜂胶、蜂蜡包裹起来制成"木乃伊"。从而创造了不朽的人类"木乃伊"的奇迹。

考古发现，作为古文明发源地之一的美索不达米亚的遗迹碑文中，就有蜂胶治疗疾病的记载。

古希腊哲学家亚里士多德曾亲自观察到蜂巢内形成蜂胶的过程。他在《动物志》中记录下了"蜂胶可治疗各种皮肤病、刀伤、割伤和一些细菌感染症"。

公元 11 世纪，伊朗哲学家阿维森纳在其著作《医典》中记载"拔除身上的残刺、残箭之后，只要立即涂上蜂胶，就可以自动消毒伤口及缓和肿痛。这是非常少见的优良医药疗效。"

史料还记载了古罗马时代，士兵经常携带蜂胶，作为常用的保健药物。18 世纪至 19 世纪，在英国和法国，就有人将蜂胶与凡士林调和在一起，涂在伤口上，防止感染。

在 1 世纪初，希腊军医狄奥斯哥利底斯所著的《药用植物学》（俗称希腊本草）介绍蜂胶的文字：黄色的蜜蜂的胶具有芬芳的香味，很像安息香。即使是在干燥状态下，也保持着柔软，涂抹时常有乳香气。熏蒸蜂胶可以止咳；涂抹蜂胶可以治癣。近 2000 年前的记载真是令人感到惊奇。因为最早发现蜂胶"是在蜜蜂入口处见到的有如蜡一般的物质"，蜂胶（propolis）的名称源于希腊语，其含义为"在城市前方保卫城市"。形象地将蜂巢比作一座城市，而蜂胶就是这座城市的保卫者。

1909 年，亚历山大罗夫最早发表了《蜂胶是药》的论文，并叙述了他用蜂胶治疗鸡眼的疗效。

此外，古阿拉伯人、印度人、秘鲁人等均有很长的蜂胶应用

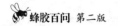

历史，至今盛行不衰。

1972年在捷克召开了第一届国际蜂胶研讨会。来自世界各地的350多位科学家出席了会议，交流和研讨了关于蜂胶的研究成果。主要包括蜂胶的化学成分、来源、性质、药理作用、安全性、临床应用等。目前，世界上对蜂胶研究较多的有巴西、中国、日本、德国、罗马尼亚、保加利亚、新西兰、澳大利亚等国家。

从20世纪50年代起，蜂胶的研究应用逐渐引起了中国科学家的高度重视。随着对蜂胶的特性以及生物学、药理学和治疗保健效果研究试验的不断深入，以蜂胶为原料的各种产品不断问世。

1996年蜂胶的研究被列入"九五"国家重点科技攻关项目、2001年"蜂胶资源高效利用与产业化开发"列入"十五"国家科技攻关计划。这就使蜂胶的研究应用由民间行为、企业行为上升到国家行为，使蜂胶的研究应用取得了丰硕成果，蜂胶产品被越来越多的人所认识，逐渐形成了前所未有的"蜂胶热"。

据不完全统计，2016~2020年共发表蜂胶相关的英文研究性论文1180篇；从1980年至2020年，我国学者和科技人员共发表有关蜂胶研究的论文2381篇。其中，浙江大学胡福良教授等16位专家所著的124.1万字《蜂胶研究》巨著，全面介绍了全世界原创性的研究成果，证实和发现蜂胶对治疗疾病和维护健康具有良好效果和难以替代的作用。

3 为什么说"蜂胶是蜜蜂的保护神"

简单地说，蜜蜂采集蜂胶是为了维护其居住环境（蜂巢）和自身的健康。要知道，在一个狭小的蜂巢中，最多时有几万只蜜蜂拥挤其中。蜂巢既是蜜蜂繁殖的"产房"，又是蜜蜂生活的居室，还是营养丰富的蜂蜜、蜂王浆、蜂花粉等蜂产品的仓库。

死掉的蜜蜂和被蜜蜂蜇死的入巢掠食的老鼠等小动物的尸体难以被拖出巢外。蜂巢中不见阳光，在夏天高温天气中，蜂箱内甚至会出现超过40℃的高温，湿度在60%左右。合适的温度、湿度，大量营养丰富的蜂蜜、蜂花粉、蜂王浆等，无疑是各种病菌和微生物生长的温床。但是，奇怪的是，蜂巢内的洁净程度令人难以置信，几乎可以达到无菌的状态。那么，这种奇迹是怎么发生的呢？

蜜蜂是在自然界生息繁衍了一亿五千万年的古老物种。在几经变迁的严酷生存环境中，许多物种在劫难逃，从自然界中消失。而蜜蜂却能抵御住大自然的各种险恶考验，进化成为生命力极强的、日益兴旺的物种。这其中最重要的原因之一，就是蜜蜂成功地发现和利用了蜂胶。

蜜蜂在漫长的采集活动中，接触过无数种植物，经过自然筛选，最终寻找到了某些胶源植物的腋芽、花蕾和创伤处分泌出的即被称之为树脂的胶状物，能够解决它们维护生存环境和自身健康的难题。

蜜蜂将树脂带回蜂巢反复咀嚼，经过唾液中酶等分泌物的

作用，这两者之间的一些成分又通过相互转化，形成了宝贵的物质——蜂胶。

蜜蜂用蜂胶堵塞蜂巢的空隙、裂痕、缩小巢门，防止雨水和外敌入侵

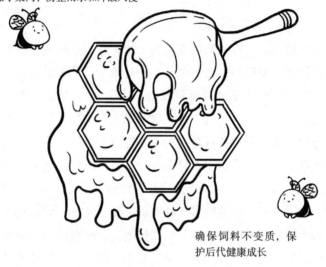

确保饲料不变质，保护后代健康成长

那么蜂胶是如何对蜜蜂的生存环境与健康发挥作用的呢？

第一，消毒与防腐。蜂胶中含有多种抗菌物质，具有很强的杀菌力，蜜蜂将其涂抹在蜂巢中，能非常有效地杀菌和防腐，控制蜂群病害的发生。无论气温多高，空气湿度多大，蜂胶能使富含营养物质的蜂蜜、蜂王浆、蜂花粉等，不发霉、不变质；被蜇死的老鼠等敌害的尸体用蜂胶和蜂蜡密封隔离，使其成为"木乃伊"，防止腐败，从根本上维持了蜜蜂正常的生态环境。

第二，用蜂胶加固蜂巢内部结构，填充间隙、裂痕；调整蜂巢的出入口大小，利于通风、保温和防止外敌入侵掠食。蜜蜂利用蜂胶调整蜂巢中的温度、湿度的能力十分高超。无论外部气候条件如何变化，蜂巢中的温度能基本保持 34℃左右的恒温，创

造出适宜蜂群生存的环境。

第三，避雨防盗，用蜂胶给繁育后代的"产房""上光"，避免幼蜂遭受病害，维护群体健康。

可以说，蜂胶对蜜蜂的生存与繁衍的作用是至关重要的。因此，蜂胶被誉为是"蜜蜂的保护神"。

4　蜂胶中有哪些基本成分

蜂胶中既有胶源植物的分泌物，又有蜜蜂腺体分泌物，集动植物精华于一身，是蜜蜂经过复杂的生化过程加工转化而成。从其基本组成成分来看，以中国杨属蜂胶为例，蜂胶中主要包括大约50%的树脂和树香、30%的蜂蜡、10%的芳香挥发油、5%的花粉以及5%的杂质。

蜂胶的成分十分复杂，对蜂胶化学成分的研究，经历了漫长的过程。从19世纪初期至2019年，国内外学者的研究与分析结果证实，蜂胶中含有20余类、1000多种天然物质成分，包括30多种人体必需的钙、铁、锌、硒、铬等常量、微量元素，以及甾类化合物、20多种氨基酸、数十种芳香化合物、204种的黄酮类物质、231种萜烯类物质，还含有丰富的有机酸、木质体、多种酶和多糖、维生素等生物活性天然成分。蜂胶含有丰富的黄酮类和萜烯类物质是其最大的特点。绝大部分保健养生之良方几乎都离不开黄酮类化合物；黄酮类化合物在医药领域有着举足轻重的地位。而蜂胶中多种活性成分形成的综合协同作用，是蜂胶具有多种显著功效的重要原因。

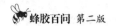

5　蜂胶及蜂胶产品的标准是什么

目前，我国关于蜂胶的标准是《蜂胶》（GB/T 24283-2018），这个标准是蜂胶原料（毛胶）标准和蜂胶乙醇提取物的质量标准。

6　蜂胶有哪些物理性状和感官特点

蜂胶是不透明的固体胶状物。表面光滑或粗糙，折断面呈沙粒状，切面与大理石外形相似。天然蜂胶一般呈棕黄、棕红、棕褐、灰褐、青绿等色，少数略显黑色。

蜂胶具芳香气味。燃烧时发出类似乳香的香味；微苦、略涩，有微麻感和辛辣感；有黏性和可塑性；咀嚼时粘牙。

蜂胶用手搓捏能软化。36℃时变软；低于15℃时变硬、变脆，可以粉碎；60~70℃时熔化成为黏稠流体，并可分离出蜂蜡。

蜂胶相对密度随着蜂胶来源不同而有差别，一般在1.112~1.136之间，通常相对密度约为1.127。

蜂胶在水、烷烃中的溶解度较小；微溶于松节油、乙醚、三氯甲烷、苯和甘油；极易溶于乙醇、丙酮、乙酸乙酯、正丙醇、丙二醇、聚乙二醇、乙腈和2%氢氧化钠溶液。它溶于75%~95%乙醇中，溶液呈透明的棕褐色、深琥珀色，偶有少许颗粒状沉淀。

　　蜂胶的品质与产地植物种类有关。从蜂箱里收集的蜂胶，含有大约 55% 树脂和香脂、30% 蜂蜡、少量芳香挥发油和花粉等物。

　　蜂胶的物理性状多体现在感官鉴别方面。蜂胶原料的感官特点可以在一定程度上表现出其质量和真实性。为此，《蜂胶》国家标准（GB/T 24283-2018），分别对蜂胶原料和蜂胶乙醇提取物提出了感官要求，见下表。

蜂胶的感官要求

项目	特征
色泽	棕黄色、棕红色、褐色、黄褐色、灰褐色、青绿色、灰黑色等
状态	团块或碎渣状，不透明，约 30℃ 以上随温度升高逐渐变软，且有黏性
气味	有蜂胶所特有的芳香气味，燃烧时有树脂乳香气，无异味
滋味	微苦、略涩，有微麻感和辛辣感

蜂胶乙醇提取物的感官要求

项目	特征
结构	断面结构紧密
色泽	棕褐色、深褐色，有光泽
状态	固体状，约 30℃ 以上随温度升高逐渐变软，且有黏性
气味	有蜂胶所特有的芳香气味，燃烧时有树脂乳香气，无异味
滋味	微苦、略涩，有微麻感和辛辣感

7 蜂胶有哪些化学成分和理化指标

蜂胶化学成分的研究始于德国，1911年，从蜂胶中鉴定出肉桂醇和桂皮酸。此后在相当长的时间里，由于尚无适用于蜂胶成分鉴定与分离技术，蜂胶化学成分研究处于停滞状态。20世纪50年代以后，随着各种色谱分离技术与质谱新技术出现，蜂胶化学成分的研究才再次活跃并迅速发展起来。

1983年，徐景耀研究员与中国医学科学院尚天民先生，经对蜂胶植物化学成分用薄层层析分析证实：蜂胶含有多种黄酮类化合物和酚类化合物。首次，从蜂胶中分离7种为单一色点成分。经鉴定，其中，结晶Ⅰ为5，7-二羟基黄酮，结晶Ⅱ为3，4-二甲氧基桂皮酸，结晶Ⅲ为3-羟基-4-甲氧基桂皮酸，结晶Ⅳ为硫的多倍体S_8，结晶Ⅴ为二十六碳酸。还有两种结晶体未鉴定其结构。此实验结果以《蜂胶化学成分的研究》在1983年《中国养蜂》杂志上发表，这是来自国内蜂胶化学成分分析最早的报道之一。

蜂胶的化学成分主要包括黄酮类化合物、芳香酸与芳香酸酯、醛与酮类化合物、脂肪酸与脂肪酸酯、萜类化合物、甾体化合物、氨基酸、糖类化合物、烃类化合物、醇和酚类及其他化合物。其中：

（1）黄酮类化合物

属于黄酮类化合物有：白杨素、杨芽黄素、刺槐素、芹菜素、木犀草素、柳穿鱼素、蜜橘黄素、福橘黄素等；

属于黄酮醇类的有：良姜素、高良姜素、鼠李素、鼠李秦素、异鼠李素、鼠李柠檬素、山奈素、山奈甲黄素、岳桦素、桑木黄素、槲皮素及芦丁等衍生物；

蜂胶含有丰富的抗菌、抗氧化成分，能使蜂巢中的营养物质蜂蜜、王浆、花粉等不会变质、发霉、卫生状况极佳

属于双氢黄酮类的有：乔松素、球松素、樱花素、异樱花素、柚皮素等；

属于双氢黄酮醇的有：短叶松素及其衍生物。

（2）酸类化合物

苯甲酸、对羟基苯甲酸、水杨酸、茴香酸、柠檬酸、酮戊二酸、桂皮酸、3，4-二甲氧基桂皮酸、咖啡酸、阿魏酸、异阿魏酸、芥子酸、对香豆酸等。

（3）醇类化合物

苯甲醇、3，5-二甲氧苯甲醇、2，5-二甲氧苯甲醇、桂皮醇、桉叶醇、α-桦木烯醇、乙酰氧-α-桦木烯醇、甜没药萜醇、α-萜品醇、萜品-4-醇、愈创木醇、α-布藜醇等。

（4）酚、醛、酮、醚类化合物

丁香酚、香草醛、异香草醛、苯甲醛、β-环柠檬醛、4，5-二甲-4-苯基 Δ2环己烯酮、苯乙烯醚、对甲氧苯乙烯醚、对香豆酸酯、咖啡酸酯、咖啡酸苯乙酯、二乙酰咖啡酸酯、3-甲咖啡酸苯乙酯、环己醇苯甲酸酯、环己二醇苯甲酸酯、松柏醇苯甲酸酯、对香豆醇香草酸酯、苯甲醇阿魏酸酯等。

（5）烯、烃、萜类化合物

β-蒎烯、α-蒎烯、Δ3蒈烯、α-珂巴烯、异长叶烯、石竹烯、β-愈创木烯、α-雪松烯、葎草烯、γ-依兰油烯、杜松烯、鲨烯等。

（6）蜂胶中已分离的其他成分

包括脂肪酸、甾类化合物、多种氨基酸、酶、多糖和维生素等。

蜂胶中含有微量氨基酸，包括天门冬氨酸、苏氨酸、半胱氨酸、谷氨酸、丙氨酸、异亮氨酸、丝氨酸、脯氨酸、亮氨酸、甘氨酸、酪氨酸、苯丙氨酸、组氨酸、缬氨酸、赖氨酸、精氨酸、蛋氨酸等。

蜂胶中鉴定出 7 种糖：D-古洛糖、D-呋喃核糖、D-山梨糖醇、塔罗糖、D-果糖、D-葡萄糖和蔗糖。

蜂胶中微量的维生素：肌醇、维生素 B_1、维生素 B_2、维生素 B_6、维生素 E、烟酰胺、泛酸，以及极微量的维生素 H、叶酸等。

（7）蜂胶中的元素

包括碳、氢、氧、氮、钙、磷、氯、钾、钠、镁、硫、硅12 种常量元素；还有铁、锰、钴、铜、钼、锌、氟、铝、锡、砷、硒、钛、铬、镍、钡、锑、锆、银、锶、金、铯、镧22 种微量元素。

由于蜜蜂采集的胶源植物不同，采集的区域不同，采集的季节不同等原因，蜂胶的化学成分存在一定的差异。蜂胶类产品生产者在使用不同树种、不同地区、不同季节的蜂胶时，应予以注意。

作为一般性质量控制，《蜂胶》国家标准（GB/T 24283-2018）的理化要求，主要规定了蜂胶提取率、总黄酮含量和氧化时间。

蜂胶及蜂胶乙醇提取物理化要求

项目	蜂胶		蜂胶乙醇提取物	
	一级品	二级品	一级品	二级品
乙醇提取物含量 /（g/100g）≥	60.0	30.0	98.0	95.0
总黄酮 /（g/100g）≥	15.0	6.0	20.0	17.0
氧化时间 /s ≤	22			

蜂胶保健食品的标志性成分指标、理化指标和微生物指标须按照产品批准（注册）证书技术要求的相关规定执行。

8 为什么说蜂胶是神奇的，食用量多少合适

有人说蜂胶是神奇的，这只是相对而言。从药学角度看，蜂胶是一味中药；从生活的角度看，蜂胶是很好的保健食品原料。

蜂胶的成分主要是各种不同树种的树脂，含有蛋白质、糖类、酶类、花粉、无机盐类等。蜂胶的成分非常复杂，是人工难以复制和合成的。

复杂独特的成分赋予了蜂胶具有抗感染、抗病毒、抗肿瘤、

抗氧化、抗疲劳、抗辐射；降血脂、降血糖、降血压、降胆固醇；增强免疫、清除自由基、美容、促进组织再生等多种作用。

《中华人民共和国药典》（2020版）将蜂胶的功效定为："补虚弱、化浊脂、止消渴；外用解毒消肿，收敛生肌。用于体虚早衰、高脂血症、消渴；外治皮肤皲裂，烧烫伤。"

蜂胶如此众多的保健功能和疗效，说其神奇是有一定道理的，但也不应将其夸大为可以包治百病的灵丹妙药。

蜂胶的治疗、辅助治疗效果的好坏，与服用量的多少和服用时间长短有很大关系。任何一种保健食品或药品都是如此。如果服用量不够，或服用的时间不够，都可能达不到预期的效果。个体体质和疾病的轻重程度不同，体现在不同人的身上，效果也不尽相同。最关键的是蜂胶类产品自身的质量如何，会对其相应的功效的好坏有直接的关系。

9　什么是总黄酮，它有哪些作用

蜂胶保健食品的标志性成分之一是总黄酮，总黄酮是指蜂胶或蜂胶产品中所含黄酮类化合物的总量，一般以 g/100g 表示。

蜂胶的基本成分是黄酮类化合物。黄酮类化合物是人体必需的非营养素，人体内不能合成，只能从饮食中摄取，是一类生命运动不可或缺的调节机体生理功能的重要物质。

黄酮类化合物是以黄酮、黄酮醇、黄烷酮等形式组成，主要来源于植物中，是植物的次生代谢物。蔬菜、水果、植物药材中大都含有黄酮类物质。

蜂胶是自然界总黄酮含量最高的天然物质之一，其含量高出蔬菜、水果、植物药材的几万倍到几百万倍，是理想的天然黄酮补充剂。

蜂胶总黄酮，由多种黄酮类物质所构成。其中含量较高的有杨梅酮、莰菲醇、芹菜素、松属素、高良姜素、柯因、短叶松素、短叶松素 -3-O- 乙酸酯、咖啡酸苯乙酯（CAPE）等。

周萍曾将不同产地，不同树种的蜂胶提取物进行了分析，其上述 9 种单体黄酮和总黄酮分析结果的平均值见下表。

化合物名称	平均值 / (g/100g)
杨梅酮	0.874
莰菲醇	0.170
芹菜素	0.060

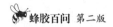

续表

化合物名称	平均值 / (g/100g)
松属素	2.429
短叶松素	3.592
柯因	2.158
高良姜素	3.633
短叶松素 –3–O– 乙酸酯	3.674
咖啡酸苯乙酯	1.145
其他	6.111
总黄酮	23.846

在某种意义上，由于蜂胶中含有丰富的黄酮类化合物，才使蜂胶名声显赫。无论从传统医学还是从现代医学的角度来评价蜂胶，就不能忽视黄酮类化合物在蜂胶中的重要作用。尤其是近年来，随着自由基生命科学的发展，使具有很强抗氧化和清除自由基作用的黄酮类化合物受到空前重视。黄酮类化合物参与磷酸与花生四烯酸的代谢，蛋白质的磷酸化作用，钙离子的转移，自由基的清除，氧化还原作用，螯合作用和基因表达。大量的试验与临床证实，黄酮类化合物的医疗功效有：抗炎症、抗过敏、抗感染、抗肿瘤、抗化学毒物、抑制寄生虫、抑制病毒、防治肝病、防治血管疾病、防治血管栓塞、防治心与脑血管疾病等。可以看出，蜂胶的综合功效几乎都与黄酮类化合物相关。

笔者仅就黄酮类化合物，查阅了相关资料，从不完全的统计中，以下情况用黄酮类化合物都有效。如炎症、酒精中毒、骨质疏松、应激反应、老年化、戒毒、肌肉痉挛、高胆固醇高脂血症、艾滋病、环境中毒、乳腺癌、动脉粥样硬化、老年斑、慢性疲劳综合征、痛风、卒中、白内障、肌肉纤维疼痛、挫伤、气管炎、耳部感染、骨折、气喘、青光眼、肥胖病、坏疽、肺炎、听力丧失、皮肤皱纹、肿瘤、肾炎、视网膜黄斑退化、疮疖、化学中毒、肾结石、梅尼埃综合征、皮肤癌、肝炎、前列腺癌、鼻窦炎、蜂蜇、痔疮、性欲冷淡、牙周炎、蛇咬、头痛、感冒。

鉴于黄酮类化合物的重要作用，总黄酮作为蜂胶保健食品的标志性成分指标进行检测和鉴定，同时列入产品标准。

综上可以看出，保持合理的饮食结构非常重要。平时应注意多吃新鲜的蔬菜和水果，适当地补充食用蜂胶保健品，以保证摄取足够的黄酮类化合物，这对保持和增进健康无疑是非常有益的。

10 蜂胶中的萜类化合物有哪些作用

德国的奥托.瓦拉赫因研究萜类化合物具有创造性成果，于1910年成为诺贝尔化学奖获得者。萜烯类物质作为一类非常重要的化合物引起了全世界的瞩目。

萜类化合物普遍存在于植物体中，具有特殊功效的生理活性。对它们的分离、结构测定、化学合成及其应用研究是多年来的热点课题。

萜类是一类天然的烃类化合物。在蜂胶挥发油中主要有单萜与倍半萜类化合物，少数为二萜类化合物。

单萜类多具较强的香气和生物活性。常用作芳香剂、矫味剂、皮肤刺激剂、防腐剂、消毒剂及祛痰剂等。单萜类化合物常存在于高等植物的腺体、油室和树脂道等分泌组织内。常见的单萜化合物有直链单萜，包括桂叶烯、柠檬烯、香橙醇、香茅醇、香茅醛；单环单萜，包括柠檬烯、薄荷醇、紫苏醛、薄荷酮、α-松油醇、桉油精；二环单萜，包括 α-松油二环烯、樟脑（冰片）α-侧柏酮、β-松油二环烯等。

倍半萜类，尤其是其含氧衍生物也常具较强的香气和生物活性。该类成分有挥发性。特别是倍半萜内酯具有抗炎、解痉、抑菌、强心、降血脂、抗原虫和抗肿瘤等活性。常见的倍半萜化合物有：直链倍半萜，包括 β-麝子油烯、麝子油醇；单环倍半萜，包括姜烯、a-姜黄烯、姜黄酮、没药烯；二环倍半萜，包括杜松烯、草酮、α-桉油醇、α-香附酮；三环倍半萜，包括土青木香烯、α-檀香醇、乌药醚；倍半萜内酯，包括山道年、旋覆花内酯、马桑内酯、青蒿素、除虫菊内酯等。

二萜类成分仅少数存在于挥发油中，如樟油中的樟二萜烯等。

蜂胶中的挥发油主要是萜烯类物质。目前，从蜂胶中分离出的挥发油成分有近 30 种，约占蜂胶的 7% 左右。其中，桉叶油素和桉叶醇占挥发油总量的 20% 以上；其中的樟脑、樟油早在《本草纲目》中就有提炼方法的记载。

萜类化合物与黄酮类化合物一样，也具有很强的生理活性，其主要作用是：免疫调节、降血糖、降血压、抗肿瘤、杀菌消炎、镇痛、解热、祛痰、止咳、活血化瘀和局部麻醉等。其中，杀菌、消炎、止痛和抑制肿瘤的作用更为显著。

萜类化合物与黄酮类化合物共存于蜂胶之中，也是蜂胶中的主要功效成分。萜类化合物与黄酮类化合物的综合与协同作用，使蜂胶的多方面的医疗保健效果更加明显，这正是蜂胶的独特之处。

11 蜂胶中还有哪些生理活性成分和生物学活性

目前已知蜂胶中有 20 余类，1000 多种成分，除黄酮类、萜类物质外，蜂胶中其他成分也有重要作用。如蜂胶中的咖啡酸、木脂素、多糖、苷类等有抗肿瘤活性；木脂素、醌类、鞣质、咖啡单宁盐酸等有扩张冠状动脉作用；单宁酸、阿魏酸等有抗菌作用；精氨酸对酶、过氧化氢酶、胰酶等有激活作用，并在核苷酸蛋白质合成、细胞代谢及组织再生修复中有重要作用。

蜂胶具有十分广泛而显著的生物学活性，因而长期以来蜂胶生物学活性的研究一直是蜂胶研究的重点和热点领域。近些年来，围绕蜂胶抗氧化、抗炎、抗肿瘤、抗病原微生物、血糖调节及抗糖尿病、免疫调节、胃肠道保护、神经保护、促伤口愈合、生殖系统保护等生物学活性方面的研究有很多新发现和新进展。

12 为什么蜂胶有一种令身心愉悦的独特香味

不错，蜂胶确有一种令身心愉悦的独特香味。这种香味能令人镇静、安神和感到愉快。此外，还有杀菌和清洁空气的作用。

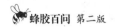

蜂胶的独特香味主要来源于萜烯类物质。萜类是异戊二烯的衍生物，有线状的，也有环状的，都含有两个以上的异戊二烯残基，它们都具有特殊的香味。

例如，非常珍贵的龙涎香，现代分析化学证实，龙涎香是由衍生的聚萜烯类物质构成的一种物质，其中的多种成分具有沁人心脾的芳香。蜂胶是蜜蜂采集植物树脂加工而成。不少花的香味以及树脂的清香正是由于其含有萜烯化合物而形成的。分析证明，乌龙茶的良好香气也正是由于其含有萜烯类物质的结果。

蜂胶的香味会因树种不同而有所差异。另外，蜂胶的贮存方法、贮存条件和贮存时间的不同，也会使蜂胶香味的浓淡受到影响。而温度的影响最大，温度越高其香味越易挥发。因此，要保持蜂胶的香味应注意以上这些影响因素。

如果在室内的空气加湿器中加入 10 滴左右蜂胶，不但会使室内香气四溢，清爽宜人，而且皮肤也不会感到干涩。如果您有兴趣，不妨试一试。

13 蜂胶是药吗，它有哪些药理作用和保健功能

2002 年原国家卫生部将蜂胶确定为用于保健食品的物品。2005~2020 年蜂胶被列入《中华人民共和国药典》，这正是由于蜂胶确实存在的广泛药理作用所决定的。除了《中华本草》和《中华人民共和国药典》确认了蜂胶的适应证，国内外长期研究和临床试验证实，蜂胶的药理作用还有抗感染、抗病毒、抗肿瘤、抗

氧化、抗疲劳、抗辐射；降血脂、降血糖、降血压、降胆固醇；增强免疫、清除自由基、美容、促进组织再生等多种治疗和保健功能。

经过微生物学家实验研究和临床医学家证实，蜂胶不仅有抗菌、抗病毒、抗原虫等作用，而且与某些抗生素，如青霉素、四环素、氯霉素、新霉素等合用，还可以提高这些抗生素的活性，延长它们的作用。蜂胶与普鲁卡因协同应用可提高麻醉效果十多倍。

蜂胶可以广泛地用于养生保健和"治未病"。从 1997 年至今，经国家认证批准的蜂胶类保健食品已有 1500 多个，经过动物和人体试食试验，已确认的有免疫调节（增强免疫力）、调节血糖（辅助降血糖）、调节血脂（辅助降血脂）、辅助抑制肿瘤、改善睡眠、延缓衰老、抗疲劳（缓解体力疲劳）、提高人体缺氧耐受力、对化学性肝损伤有保护作用、清咽润喉等保健功能。

14 有人说"蜂胶是典型的天然抗生素"，常服用蜂胶会对人体造成危害，这是怎么回事

确实有人出于不正当竞争，通过媒体，将蜂胶说成是"一种典型的天然抗生素"，"健康人群绝对不宜长期服用"否则"会给人体造成严重危害"。此说一出，对消费者造成了误导和不良影响。为此，中国蜂产品协会和中国养蜂学会曾分别召开了十几家媒体参加的记者会，对以上错误说法予以澄清。会后，新华社北

京分社、《市场报》《健康时报》《中国消费者报》《中华合作时报》《北京晚报》《北京晨报》《北京社会报》分别做了报道，挽回了不良影响。

笔者曾撰文《蜂胶到底是什么》曾在《中国蜂产品报》上发表，与众多的专家学者取得共识。笔者认为，正是因为蜂胶的抗菌作用突出并具有广谱性，所以有"天然抗生素"之说。但是蜂胶决不等于抗生素。抗生素是特指某些菌类（微生物）的代谢产物或其衍生物，为小分子单一结构；将其进行化学改造的产物则称之为半合成抗生素。而从蜂胶的属性及其综合作用来看，其成分十分复杂，除具有显著的抗菌作用外，还具有多种生物学功能和广泛的生理、药理作用。将天然物蜂胶，片面、简单地归类为"典型的天然抗生素"是不科学的。如果这种不科学的观点成立，像对待真正的抗生素一样对待蜂胶而不敢放心食用，则会人为地限制了宝贵的蜂胶资源的科学应用。如果将凡具有一定抗菌作用的天然产品都视为"天然抗生素"的话，那么许多人类日常的食物都不能食用了。比如蜂胶中的黄酮类化合物（黄酮类、黄酮醇、二氢黄酮类）中白杨素、芹菜素、金合欢素、槲皮素、高良姜素、山奈酚、山奈甲黄素、松属素、乔松酮、短叶松素等都有抗菌消炎作用。而我们吃的芹菜就有芹菜素；大豆中就有大豆黄酮；玉米、高粱、甘蔗、李子、山楂、槐米等都含有黄酮类化合物。茶叶中含有大量的茶多酚，其主要为黄酮类、黄酮醇类物质，茶多酚的许多功效类似蜂胶。难道这些东西都要像抗生素一样限制食用吗？抗菌作用十分显著的大蒜是否也是"典型的天然抗生素"，也会对人体造成危害吗？

从20世纪90年代初至今，食用类蜂胶产品发展得很快。除极少数消费者对蜂胶有过敏性反应外，尚无因长期服用蜂胶而对身体造成危害的案例。鉴于蜂胶的安全性和功能性，2002年原卫生部已将蜂胶列入可用于保健食品的名单，2005 年起被列入《中华人民共和国药典》，成为一味法定的中药。

15　蜂胶与蜂蜜、蜂王浆、蜂花粉有什么不同

蜜蜂产品有三大类。一类是蜜蜂采集、加工的，如蜂胶、蜂蜜、蜂花粉；一类是蜜蜂分泌的，如蜂王浆、蜂蜡、蜂毒；一类是蜜蜂本身，如蜜蜂幼虫、蜂蛹、蜂尸。

蜂胶与蜂蜜、蜂王浆、蜂花粉的区别在于，蜂胶是蜜蜂的药品，而蜂蜜、蜂王浆、蜂花粉则是蜜蜂的食物，其中蜂王浆是蜂王赖以形成和终生食用的食物。

蜂胶：蜜蜂在长期的自然选择中，发现某些树木渗出的一些胶状物质对病菌有抑制作用，便将这种物质采回蜂巢，混入自己的分泌物，涂在蜂巢内，保证了巢内的卫生，使蜜蜂能健康地生活。

蜂蜜：是蜜蜂采集的植物花内蜜腺分泌的花蜜，经过蜜蜂酿造而成的食物。花蜜中的主要成分为蔗糖。花蜜不是蜂蜜，而是酿造蜂蜜的原料。花蜜在蜜蜂胃里与所分泌的转化酶作用，将蔗糖分解为葡萄糖、果糖等。蜂蜜多以所采集的蜜源植物而命名，如油菜蜜、紫云英蜜、荆条蜜、洋槐蜜、枣花蜜、荔枝蜜等。如前所说，蜂蜜中的主要成分是葡萄糖和果糖，约占总量的 65%以上，其他糖类还有麦芽糖、松二糖、松三糖、多糖等，其中蔗糖含量按标准规定不能超过 5%。此外，蜂蜜中还含有粗蛋白、

多种氨基酸和维生素、酶类、矿物质、有机酸、芳香物质等180多种物质。蜂蜜的水分为16%~25%。这里值得一提的是蜂蜜的结晶问题。因为蜂蜜常是葡萄糖的过饱和溶液，在5~14℃条件下容易结晶。蜂蜜结晶后由液体变为固体或半固体，这种现象是正常的，并非蜂蜜的质量有什么问题。李时珍在《本草纲目》中记载："蜂蜜益气补中，止痛解毒，除百病，和百药，久服强志轻身，不老延年"。因此，蜂蜜也有"老年人的牛奶"之说。

蜂王浆：是幼蜂舌腺和上颚腺分泌的乳白色或淡黄色的乳状物质，其主要成分是天然搭配的，按生物生长发育所需要，按比例组合的。蜂王浆含有转化糖约15%和人体需要的二十多种氨基酸，含量较高的是赖氨酸、甘氨酸和谷氨酸等，其中有八种是人体不能合成而必须从食物中摄取的氨基酸；还含有丰富的多种维生素，其中维生素B族的含量最多。还高含钾、钙、镁、钠等矿物质和抗坏血酸氧化酶、转氨酶等酶类物质以及有机酸、乙酰胆碱和多种微量元素。由此可见，蜂王浆的营养成分非常丰富。蜂王由于食用蜂王浆，它可以每天产卵多达2000粒以上，相当于甚至超过蜂王自身的体重；而且蜂王的寿命很长，一般可以活5~6年。而只食用蜂蜜、蜂花粉的工蜂，一般寿命只有1~2个月。可见，将蜂王浆作为延年益寿的珍品就一点也不奇怪了。

蜂花粉：花粉是植物有性繁殖的雄性配子体。蜂花粉是蜜蜂从植物花朵中采集的花粉，经蜜蜂加工而成的扁圆形团状物，它的营养成分非常丰富，被誉为"天然浓缩的营养宝库"。蜂花粉的成分十分复杂，主要含有20%~25%的蛋白质，0.1%~2%游离氨基酸，15%~50%的碳水化合物，5%~15%的脂类，2%~5%的矿物质，还含有丰富的维生素、酶类物质、微量元素、激素等物质。蜂花粉中的氨基酸种类多，含量比牛肉、鸡蛋高5~7倍。蜂花粉是蜜蜂生存和分泌蜂王浆的基础物质。

小蜜蜂为人类提供了这么多的好东西，我们完全可以综合利用。如果蜂胶配以蜂蜜、蜂王浆、蜂花粉等同时食用，无疑会取得更好的效果。

16　假蜂胶与真蜂胶有什么区别

假蜂胶一般是直接将杨树芽子熬制成的膏状物。假蜂胶从根本上说就是跟蜜蜂毫无关系的杨树胶，这种杨树胶做成的所谓"蜂胶"就是假蜂胶。这种假蜂胶的成本只是真蜂胶十分之一左右，用其制成的"蜂胶"产品，自然成本就低了很多。有人就用这种打着"蜂胶"旗号的产品，以超低价打价格战，严重冲击了正规的蜂胶产品市场。

其实，只要对蜂胶稍做了解，是不难鉴别出蜂胶真伪的。首先，感官即可发现，掺假的所谓"蜂胶"的色泽呈现深黑色、光亮得发"贼"，其断面更甚；黏度较大，相对比较软；蜂胶特有的香味很弱或几乎没有，树胶味重，有的还夹带化学香精气味。取少量用溶剂溶解，获得的溶液不够澄清；手感比重比正常的蜂胶浸膏略轻，似有煤与焦炭之别。

假蜂胶尽管含有极少的黄酮，有与真蜂胶相似之处，但它没有蜜蜂在加工蜂胶过程中所添加的生物活性物质。真蜂胶的蜜蜂生物学作用是假蜂胶所没有的。而且假蜂胶的原料及加工过程会带来很多不安全因素，弄不好会对消费者造成危害。因此，这种假蜂胶即未列入药品，也未列入食品。用伪劣假蜂胶作原料的产品流入市场属于非法生产经营，且贻害无穷。消费者要慎重选择蜂胶产品，对没有保健食品批号和非正规企业生产的产品要特别注意，不要图便宜而上当受骗。

17 我国对蜂胶的研究与应用情况如何

20世纪50年代中期始，曾任国际蜂疗研究会会长的房柱教授，就进行了蜂胶的生产、质量的初步分析和医疗效用等研究。

20世纪70年代，昆明动物研究所对蜂胶有效成分进行了分离、鉴定和提取，在挥发油中鉴定出桉叶油素、愈创木酚、桉叶醇等组分。

1980年始，在中国农业科学院蜜蜂研究所徐景耀研究员和中国医学科学院药物研究所尚天民先生主持下，对蜂胶的化学成分进行了深入的研究分析，进行了蜂胶抗菌试验，并对蜂胶黄酮进行了鉴定，分离出白杨素、桂皮酸、槲皮素等五种单体成分，得出了我国自己的分析结果。

1982年，中国科学院化学研究所和中国农业科学院蜜蜂研究所在杭州召开了蜂胶研讨会，重点对蜂胶的化学成分的研究成果进行了交流与研讨。这是我国较早时期关于蜂胶的全国性学术会议。

1987年始，吕泽田主持了蜂胶基础性研究和蜂胶抗菌试验。确定了蜂胶原料采集、基本成分分析、一般质量控制和蜂胶萃取提纯的基本技术。同时，采用蜂胶水提取物、乙醇提取物，与青霉素、链霉素、庆大霉素、磺胺粉比较，对细菌、真菌、霉菌和金黄色葡萄球菌、溶血性链球菌进行抑制试验。结果表明，蜂胶的抑菌作用几乎涵盖了霉素类、磺胺类的抑菌范围，证实了蜂胶抑菌作用具有广谱性、安全性与经济性，尤其对金黄色葡萄球菌的抑制作用是其他抑菌类药物所不及。同时，发现蜂胶中具有抑菌作用的成分可分为水溶性和脂溶性两大部分。这些基础性的研究实践，为蜂胶产品研发提供了第一手的依据。

1988 年，中国人民解放军军事医学科学院王秉极教授，对蜂胶成分的提取进行了研究。

通过众多科研机构和科技工作者共同努力，1996 年，蜂胶研究被国家科委列入"九五"国家重点科技攻关项目。1999 年蜂胶被国家"948"办公室列入重点产业化推广项目。2001 年，国家科技部、中华全国供销合作总社、农业部、国家林业局将"蜂胶资源高效利用与产业化开发"课题列入"十五"国家科技攻关计划，重点是蜂胶深加工技术研究与产业化开发。蜂胶及应用研究受到国家的空前重视。

多样化的功能性产品研发促进了蜂胶产品市场的持续发展。20 世纪 90 年代初始，蜂胶从以外用为主迅速向内服产品转变和发展。外用产品主要是涂剂、喷剂、贴剂，以抗菌消炎为主。内服产品在剂型上有液、粉、片、硬胶囊、软胶囊等。

蜂胶的许多功效被进一步证实。目前，国家通过卫生学评价、稳定性试验、功效成分鉴定以及毒理学安全性评价和功能性动物试验、人体临床试验，已验证批准的蜂胶类保健食品达 1500 多种，确认的功效有：免疫调节（增强免疫力）、调节血糖（辅助降血糖）、调节血脂（辅助降血脂）、辅助抑制肿瘤、抗疲劳、改善睡眠、清咽润喉、延缓衰老、润肠通便、对化学性肝损伤有辅助保护作用等保健功能。被批准的蜂胶类药品，分别用于消炎止痛、复发性口腔炎、高脂血症和肿瘤化疗后口腔溃疡。

在产品研发技术方面，我国的许多科研机构和厂家越来越重视新技术的研究与应用。蜂胶的提取方法不仅限于乙醇提取、水

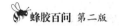

提取、膜技术、分子蒸馏等提取方法也开始出现。

蜂胶与中国传统中药和中医学的结合形成了独特的复方型增效产品已成为今后的发展趋势。

鉴于蜂胶脂溶性强，水溶性差的特点，利用天然合成的高分子材料作囊材，以蜂胶作芯材，经微囊化包埋技术形成蜂胶微囊和蜂胶脂质体。蜂胶微囊与蜂胶脂质体具有缓释、延效、掩盖蜂胶气味和颜色，提高生物利用度，味道好，在水中具有良好的分散性等优点。蜂胶微囊和蜂胶脂质体除可作粉剂产品外，还用于制作糕点、饮料、糖果等食品及化妆品的添加剂。

我国蜂胶产品的研究不断深入，其研究领域也在不断扩展。跨行业、跨门类、跨学科的蜂胶产品研发生产体系在逐步形成，蜂胶产品的研发与经营开始由粗放型向集约型转变。

正是在这样的背景下，多样化的蜂胶类产品和确凿功效，以及蜂胶天然性、安全性和经济性的特点，使我国的蜂胶类产品市场一直保持快速增长的趋势。

18 蜂胶作为药品和保健食品原料是如何生产加工的

从蜂箱中采集的蜂胶（毛胶），约含有一半左右的蜂蜡和其他杂质，不能直接食用和出售，也不能作为生产蜂胶制品的原料，必须经过乙醇提取，才能成为直接用于生产各种蜂胶药品和保健食品的蜂胶原料。

长期以来，我国蜂胶（毛胶）的采集和提纯除杂，由于没有规范性生产技术要求，导致蜂胶质量参差不齐。国家已批准的近一千五百个蜂胶类保健食品，由于无标准所依，蜂胶提取工艺存在不一致的混乱现象。因此，为保证蜂胶原料和乙醇提取物的质量与安全，需要规范蜂胶和乙醇提取的技术要求，为蜂胶类保健食品的审批与生产加工提供规范性的工艺技术依据。

2023 年制定的《蜂胶生产技术规范》（GB/T 43559-2023）国家标准，已经国家标准化管理委员会批准发布。该标准规定了蜂胶（毛胶）和蜂胶乙醇提取的生产技术要求，目的就是作为《蜂胶》国家标准提供技术保障文件。

（1）规定了蜂胶（毛胶）生产条件与要求

蜂农、蜂场管理、蜂种、蜂群、放蜂场地、采胶器具（覆布、纱网、采胶器、刮刀）、蜂胶采集应该按下列方式进行。

①直接采集：在蜂箱的缝隙、箱口边沿、格栅、巢框与蜂箱连接处采集蜂胶；

②副盖采集：将尼龙纱网或不锈钢纱网固定在蜂箱副盖上采集蜂胶；

③覆布采集：将覆布盖在蜂箱副盖上，促使蜜蜂在覆布上积聚蜂胶；

④纱网采集：将尼龙丝纱网或不锈钢丝纱网放在巢框上采集蜂胶，纱网与巢框之间用木条隔开，留有 5mm 蜂路，使蜜蜂将蜂胶积聚其上；取胶后的纱网可继续使用；

⑤采胶器采集：将竹木采胶器或塑料采胶器代替副盖，放置在蜂箱巢顶部。

（2）规定了蜂胶乙醇提取技术要求

对溶剂、提取技术（粉碎除杂、浸渍提取、沉降过滤、减压浓缩、冷却干燥）；蜂胶乙醇提取的器具、容器、管道、滤网等都做出了具体规定。

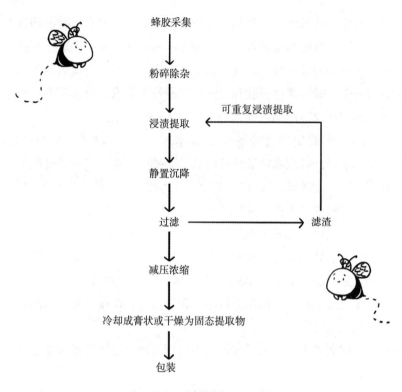

典型蜂胶乙醇提取工艺流程图

19 蜂胶中药饮片和酒制蜂胶是治病的药吗，怎样用呢

所谓酒制蜂胶，顾名思义就是将原蜂胶用酒精提取、干燥以后得到的纯蜂胶。酒制蜂胶分内服和外用。内服可称之为蜂胶中药饮片。

蜂胶在《中华人民共和国药典》中记载："补虚弱，化浊脂，止消渴；外用解毒消肿，收敛生肌"，内服可用于"体虚早衰，高脂血症，消渴；外治皮肤皲裂，烧烫伤"。

酒制蜂胶中药饮片如何服用？药典中指出：用量为"0.2~0.6g"。用法为"多入丸散用，或加蜂蜜适量冲服"。酒制蜂胶中药饮片是处方药，具体每个患者的用法用量应遵医嘱。酒制蜂胶已在 2020 版医保目录中药饮片部分以第 778 号正式纳入医保序列，可以凭处方享受医保。

酒制蜂胶可以是软膏或液态，在外科应用方面：由于蜂胶抗菌消炎作用强，局部止痛快，能促进上皮增生和肉芽生长，减轻瘢痕形成程度，改善血液和淋巴循环，所以在治疗肛裂等疾病时应用较多且效果较好。还可用于治疗鸡眼、带状疱疹、扁平疣、寻常疣、毛囊炎、汗腺炎、晒斑、射线皮炎、湿疹、瘙痒症、神经性皮炎、银屑病、寻常痤疮、斑秃等。

 20 中国牵头起草的《蜂胶国际标准》被正式批准发布了吗

是的，由中国作为项目负责人主持制定的首部《蜂胶国际标准》（ISO 24381：2023）已于 2023 年 11 月 23 日经国际标准化组织（ISO）全票通过，正式批准发布。

该标准规定了蜂胶的质量要求、分析方法，以及包装标志、标签、贮存和运输条件。

本项目由国际标准化组织蜂产品分委员（ISO/TC34/SC19）

归口，共有来自中国、巴西、比利时、意大利、尼日利亚、葡萄牙、瑞士、泰国、土耳其、新西兰、英国、法国、瑞典、保加利亚、伊朗、罗马尼亚、印度等22个国家的近40位专家参与起草和讨论。浙江大学动物科学学院胡福良教授为组长的中国专家团队参与了该标准的制定工作。

项目从2020年1月29日启动到完成，先后共召开了25次项目组和WG2工作组的讨论会，18次WG2工作组分析小组会议，近20次中国国内专家组应对工作会议。经过反复讨论，最终形成的FDIS文本于2023年8月31日以100%的赞成票获得通过。

此次制定《蜂胶国际标准》，中国专家团队本着既立足于项目的完成，又着眼于长远的国际合作；即坚持原则，又包容并蓄的精神，妥善处理遇到的各种问题，以极大的耐心和不懈地努力，终于圆满完成了任务。

本标准的发布，将对世界蜂胶产业的融合发展，促进蜂胶全球化生产和提高蜂胶质量，促进蜂胶国际贸易有重要意义。

21 《蜂胶国际标准》与我国《蜂胶》国家标准有何不同

《蜂胶国际标准》与我国《蜂胶》国家标准（GB／T 24283-2018）相比，《蜂胶国际标准》增加了"干燥失重""灰分""石油醚提取物"及"总酚"指标，该标准要求蜂胶原料中要存在几种多酚类化合物；HPLC多酚成分与我国国标中真实性要求采用的

《蜂胶真实性鉴别 - 高效液相色谱法》（GH / T 1087-2013）类似；"总抗氧化能力"指标可以看作是我国国标中"氧化时间"指标的替代。本标准增加了"红蜂胶"的质量指标。

需要注意的几个问题是：

（1）与《蜂胶》国家标准（GB / T 24283-2018）相对应，《蜂胶国际标准》中的"棕蜂胶"在感官描述中定义为"杨树属蜂胶"；"绿蜂胶"定义为"酒神菊属蜂胶"。

（2）《蜂胶国际标准》与现行《蜂胶》国家标准的质量要求是一致的。采收蜂胶时，在执行《蜂胶生产技术规范》国家标准的前提下，凡符合我国《蜂胶》国家标准的蜂胶原料，均同时符合《蜂胶国际标准》。

（3）在与国外客户签订进出口贸易合同时，应注意选择"总酚"和"总黄酮"的指标，一定要明确质量指标和对应的检测方法，特别是进口蜂胶原料时，"总黄酮"的质量指标应以芦丁计，并使用《蜂胶国际标准》"附录 G"规定的方法，以便于与我国《蜂胶》国家标准相一致，避免不必要的麻烦。

（4）"绿蜂胶""红蜂胶"中的特征性"多酚"成分不常见，进口蜂胶的企业或者蜂胶检测机构应尽早做好准备，必要时可以向中国蜂产品协会蜂胶专业委员会寻求帮助。

第二部分
蜂胶的医疗保健作用

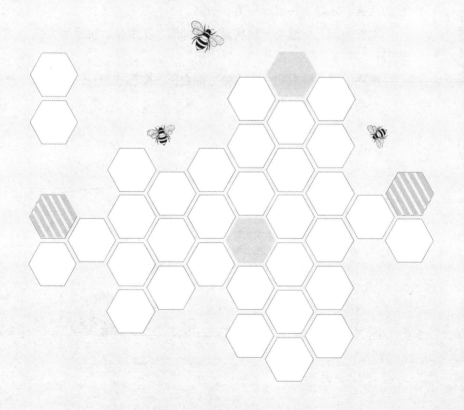

22 能简单地归纳一下蜂胶有哪些医疗保健作用吗

　　蜂胶的医疗保健作用是多方面的。《中华人民共和国药典》和《中华本草》中都记载了蜂胶的功效。根据国内外研究和临床证实，为便于记忆，一般情况下，蜂胶的主要作用可以简单地概括为六抗、四降、一增、一美、一促。

　　六抗，即：抗感染、抗病毒、抗肿瘤、抗氧化、抗疲劳、抗辐射；

　　四降，即：降血脂、降血糖、降血压、降胆固醇；

　　一增，即：增强免疫；

　　一美，即：美容；

　　一促，即：促进组织再生。

六抗：抗感染、抗病毒、抗肿瘤、抗氧化、抗疲劳、抗辐射；
四降：降血脂、降血糖、降血压、降胆固醇；
一增：增幼师免疫；
一美：美容；
一促：促进组织再生。

23　蜂胶内服外用都有效吗

　　大量的科学研究与临床应用的结果都证实了蜂胶内服外用都有很好的效果。

　　其实，蜂胶最早被发现的是其引人注目的抗菌作用。蜂胶据记载已有三千多年的外用历史。蜂胶外用对皮肤感染、湿疹、带状疱疹、痤疮、寻常疣、跖疣、扁平疣、体癣、股癣、手足癣、发癣、须癣、瘙痒性皮肤病、神经性皮炎、烫伤、灼伤和口腔疾病、鼻炎、耳炎、痔疮、鸡眼、脚气等等作用十分明显。

　　随着人们对蜂胶的特性、药理、治疗保健效果的深入研究，蜂胶逐渐由外用转向内服。蜂胶内服对外科、内科、皮肤科、妇科、口腔科等多种疾病都有不同程度的作用和功效。也正是因为蜂胶的应用范围广，因而引起了国内外越来越多的关注。

24　蜂胶的抗菌、抗病毒作用真的很有效吗

　　蜂胶的抗菌、抗病毒作用可以从国内外大量的研究试验与临床应用所取得的成果中了解到。

　　蜂胶乙醇提取物对革兰阳性菌和阴性菌均有抑制作用，对革

兰阳性菌和耐酸细菌以及黄癣菌、絮状癣、红色癣、铁锈色小孢子菌、羊毛状小孢子菌、石膏样小孢子菌、大脑状癣菌、紫色癣菌、断发癣菌等霉菌的抑制作用更为显著；还能抑制和杀灭结核杆菌等多种致病菌的生长；而对金黄色葡萄球菌、痢疾杆菌、溶血性链球菌、绿脓杆菌、变形杆菌的抑制作用比青霉素、四环素更强。

那么，蜂胶抑菌的主要成分有哪些呢？通过大量实验，证明蜂胶中的多酚类化合物；五针松素、短叶松 -3- 醋酸纤维素、咖啡酸酯是其抑菌的主要成分。蜂胶的生物活性随着黄酮类化合物浓度的增加而成正比地增加，腐生芽孢菌株对黄酮最为敏感。蜂胶中的高良姜素、松属素的含量也与其抑菌活性有肯定的相关性，其中高良姜素不仅是有效的抗菌成分，也是抗霉菌的主要成分。蜂胶中的乔松素、对香豆苯酸酯、短叶松素、高良姜素和咖啡酸酯对浅部霉菌、须发癣菌的抑制作用比灰黄霉素强。此外，蜂胶的水溶性提取物对结核杆菌和腐生性分枝杆菌也有明显的抑制作用。蜂胶水浸液还能中和白喉杆菌、破伤风杆菌和恶性水肿杆菌的外毒性。研究还发现，蜂胶与抗生素合用还有增效作用。蜂胶提取物同抗生素联合使用，可提高抗生素的抗菌活性，增加抗菌效力，延长抗菌时间；对青霉素、四环素、红霉素已产生抗药性的细菌，蜂胶提取物仍然表现出抑菌活性。蜂胶还可降低或防止链球菌对抗生素逐渐产生的抗药性。

蜂胶的抗菌作用是有条件的。蜂胶的溶剂，蜂胶的浓度，时间等因素都对蜂胶的抗菌作用产生影响。有试验证明，蜂胶的乙醇制剂比水制剂的作用强。1%~10% 的蜂胶乙醇溶液对真菌有较强的抑制作用。125~500mg/mL 的蜂胶浓度可抑制金黄色葡萄球菌和蜡状芽孢杆菌生长。对炭疽杆菌、假炭疽杆菌、类炭疽杆菌的最低抑菌浓度为 50mg/100mL。对白色葡萄球菌、柠檬色葡萄球菌的最低抑菌浓度为 100~250mg/100mL。

蜂胶溶液在 pH 为 9 的碱性条件下，抗菌作用几乎丧失；pH 在 6.0~6.8 时，其抗菌作用稳定。温度在 28~80℃ 范围内，蜂胶抗菌作用具有稳定性。不同的细菌，蜂胶的抑菌和灭菌的时间也不同，例如巴斯德杆菌的死灭时间为 5~10 分钟；丹毒病原体的死灭时间为 10~30 分钟；溶血链球菌的死灭时间为 1 小时。

那么，蜂胶的抗病毒作用怎么样呢？在这方面，国内外的报道很多。大量的试验与临床实践证明，蜂胶乙醇提取物具有明显抗病毒的生物学和药理学作用。同时，还证明蜂胶对一些毒素、类毒素也具有抵抗功效。

例如，蜂胶对 A 型流感病毒有杀灭作用。对乙肝病毒、疱疹病毒、疱疹性口腔炎病毒、腺病毒、牛日冕病毒、人日冕病毒、伪狂犬病毒、脊髓灰质炎病毒等都有很强的抑制和杀灭作用，并能降低病毒的感染性和复制能力。

一位严重的糖尿病足坏疽患者，伤口久不愈合，最后医生诊断需要截肢。后来尝试用蜂胶液从溃烂处进行涂抹，没想到第二天涂抹处竟开始慢慢结痂了。接着用蜂胶大面积涂抹，每天 2 次，到了第 28 天，患者腿部溃疡之处竟然全部结痂好转。医生十分感慨：蜂胶对糖尿病足坏疽竟有这么好的效果，居然保住了患者可能被截掉的一条腿！

实验还证明，蜂胶对马铃薯病毒、黄瓜花叶病病毒、烟草斑点病病毒和烟草坏死病病毒等都有很强的杀灭作用。

从以上可以看出，蜂胶是不可多得的广谱抗菌和优良的抗病毒物质。它不同于化学合成、半合成的各种抗生素。由于滥用抗生素，各种病菌、病毒不断地产生抗药性，但至今世界上还未发现任何一种病菌、病毒对蜂胶产生抗药性。蜂胶是天然产物，抗生素是微生物产生的化学物质。蜂胶与抗生素的另一不同之处，就是长期使用没有毒副作用。

《中华人民共和国药典》（2005版）记载蜂胶具有抗菌消炎作用。

25 蜂胶能增强人体免疫力吗

所谓免疫力，简单地说就是人体免于各种病原微生物侵害的能力。在漫长的进化过程中，人类一直在同自然界中的各种致病微生物，包括病毒、细菌、真菌等做斗争。不管科学技术进步到什么程度，不管人类能发明多么先进的药物，人体自身免疫力发挥着重要作用。

医学研究表明，要想远离疾病，强身健体，离不开自身免疫力。作为人体免疫系统的重要组成部分，巨噬细胞、淋巴细胞和免疫球蛋白等就像忠诚的"卫士"，不论白天黑夜，努力将入侵身体的"异己分子"加以识别，并且清除出去，使人体得以保持健康。如果这些"卫士"营养不良，其监视、防御和攻击病毒的能力就会紊乱和下降。

人的免疫力分为天生自然免疫力和后天获得性特异免疫力。前一种免疫力是遗传下来的，负责人体正常运转的基本免疫保障。但是，如果遇到病毒的侵袭，人体内的天生自然免疫力对这些病毒没有识别能力，它们进来后大量复制，人就要生病。这时人的免疫系统就要"奋起反抗"，与病毒战斗，其实，发高烧就是免疫系统与病菌病毒正在战斗的表现。人体天生自然免疫力经过与陌生病毒的战斗，就产生了专门对付此种病毒的免疫力，即后天获得特异性免疫力。从天生自然免疫力到特异性免疫力之间，有的人被病毒打败了；有的人顶住了，获得了特异性免疫力，再有此类病毒侵袭，就会主动迎战而"拒敌于门外"。

人体免疫力会随着年龄的增长产生退行性变化。人在12~40岁阶段，免疫力最好，最不容易生病，生了病也容易自愈；到40岁以后，免疫力会逐渐降低到原来的二分之一，70岁以后，会逐渐降低到原来的四分之一！而免疫力的不断退行性变低，会很容易导致各种疾病趁虚而入，得了病又很难自愈。而实验证明，蜂胶会使免疫系统中的巨噬细胞的吞噬指数增强30%~40%。这就意味着如果坚持使用，你的免疫功能有可能产生回归性的变化，由中年人回归到青年人的水平，由老年人回归到中年人的水平，这对中老年人抵御各种疾病来说至关重要。

既然人体自身免疫力如此重要，那我们应该怎样来提高免疫力呢？其中之一是通过正常渠道补充营养素，平衡饮食，多饮水。这样能使鼻腔和口腔内的黏膜保持湿润；多喝水还能让人感觉清新，充满活力，特别是晨起的第一杯温开水，尤为重要。经常喝茶，茶叶中含有一种名叫茶氨酸的化学物质。它能够调动人体的免疫细胞去抵御细菌、真菌和病毒。

时常吃些动物肝脏，其含有叶酸、硒、锌、镁、铁、铜和维生素 B_6、B_{12} 等，这些物质有助于促进免疫功能。海参、鳝鱼、泥鳅、墨鱼、山药、黑芝麻、银杏、豆腐皮、冻豆腐、葵花子、榛子富含精氨酸，多食用也有助于增强免疫力。

除了饮食，还要保持良好的生活习惯，例如进行有氧运动。

要尽可能多的到户外呼吸新鲜空气。慢性病患者要避免心脏负担过重，可选择在早晨或饭后慢走锻炼，然后再逐步过渡到疾走，可使患病的概率下降。听音乐也能让身体多产生出免疫球蛋白A，能增强免疫系统的功能。

除以上方法外，可以食用一些蜂胶产品。蜂胶能强化免疫系统，增强免疫细胞活力，调节机体的特异性和非特异性免疫功能。蜂胶的免疫增强效应是多方面的，其最主要的原因是蜂胶具有生物反应调整作用和维持体内正常平衡的调节机制，具有促进和调节机体体液免疫功能和增加机体吞噬细胞的吞噬作用，刺激体内产生抗体，抵抗多种疾病。

大家知道，流行性感冒是因感染流感病毒引起的，而个人的免疫力的高低，与是否感染发病有很大的关系。蜂胶对流感病毒有灭活作用，同时能增强免疫力。坚持食用蜂胶的人，就极少有患流感的。可见，蜂胶不仅是天然免疫功能的促进剂，也是优良的免疫佐剂。经常食用一些蜂胶产品，对于免疫调节，增进健康，无疑是非常有益的。

根据动物实验结果证实，蜂胶具有良好的免疫调节（增强免疫力）保健功能，能明显增强巨噬细胞吞噬能力和自然杀伤细胞活性，增加抗体产量，显著增强细胞免疫功能与体液免疫功能，对胸腺、脾脏及整个免疫系统产生强有力的功能调整，能增强人体抗病力与自愈力，使人不生病、少生病。目前，经过功能试验，经国家批准，已批准了1000多个具有免疫调节（增强免疫力）保健功能的蜂胶类保健食品。《中华人民共和国药典》（2005版）记载"调节免疫"是蜂胶的适应证之一。

 26　蜂胶的抗氧化、清除自由基是怎么回事

了解这个问题首先要知道什么叫作"氧化"？氧化是生命活动所必需的，离开氧化，众多生物将无法生存。

但我们说的"氧化"是指"过度氧化"，或者叫作"过氧化"。这种过氧化现象比比皆是。例如常见的铁生锈，粮、油存放时间长了会产生"哈喇味"，苹果、梨去皮后很快发黄等等。对人体

45

来说，有些疾病的发生，与机体氧化和抗氧化能力密切相关。比如，老年人皮肤色斑的形成，心梗、脑梗，甚至情绪过度激动引起的昏厥和死亡等等，在某种意义上，均为人体自由基过氧化造成的。

那么，什么是自由基呢？简单说，自由基是不成对电子的原子、原子团或分子。由于原子、原子团或分子的外围电子一定要配对，才能保持稳定状态；而如果电子不配对，就会极不稳定，十分活跃，很容易与其他物质发生化学反应。

利用氧是生命运动的基本特征，人体在氧代谢过程中会不断产生自由基，但过剩的自由基会使体内蛋白质、脂质、碳水化合物等分子结构发生改变，产生一系列的严重疾病。如使细胞膜和血液中的脂类物质形成脂质过氧化物，如其沉积在细胞膜上会使细胞活力下降，机体衰老，如沉积在血管壁上，会使血管变脆，变硬而易形成血栓或出血；如作用于细胞核的遗传因子 DNA 会使细胞癌变等等。大量研究表明，人体约有 80 余种疾病都与自由基过剩有关。

研究证明，蜂胶在 0.01%~0.05% 的浓度下，具有很强的抗氧化能力，能有效地保持人体自由基的平衡，克服因自由基过剩而产生的疾病。蜂胶在低浓度时，能使超氧化物歧化酶（SOD）活性显著提高。

刘富海等专家在国家"九五"重点科技攻关项目中，用蜂胶与 12 种有抗氧化能力的对比物进行了对比试验，结果证明蜂胶的 TE/G 值高达 9674，其抗氧化能力分别是花粉的 40 倍、黑山莓的 59 倍、萝卜的 125 倍、香蕉的 1934 倍（见下图），可见蜂胶的抗氧化能力难以被替代。

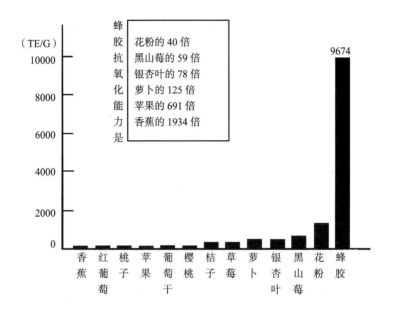

世界上很多科学家深入研究证明，氧化代谢失调可引起人体衰老、色素色斑形成、心脑血管疾病、糖尿病、肝硬化、炎症、癌症、息肉、肌瘤等 80 余种疾病。

随着年龄增长，氧化还原能力与防护系统功能减退，自由基的产生与消除会失去平衡，自由基损害长期积累，从而导致衰老与死亡。

蜂胶是公认的天然抗氧化剂，能稳定和消除自由基，减少脂质过氧化物和脂褐素的生成与沉积，保护细胞膜、增强细胞活力，调节器官组织功能，有效地防止多种疾病的发生与发展，延缓衰老。

蜂胶抗氧化作用的主要原因是由于蜂胶中黄酮类化合物与超氧阴离子反应，阻止自由基反应的引发，或与铁离子螯合阻止羟基自由基的生成，或与脂质过氧化基反应阻止脂质过氧化过程。蜂胶黄酮类化合物中抗氧化，清除自由基能力最强的，当属高良

姜素和白杨素等。同时蜂胶中的咖啡酸酯类也具有良好的抗氧化活性。

《中华人民共和国药典》（2005版）中指出"抗氧化"是蜂胶的适应证之一。

27 为什么说蜂胶是"血管清道夫"

人的血管是脆弱的。当血脂（甘油酸酯、胆固醇、低密度脂蛋白）在血液中浓度高时，血液就显得黏稠，血的流动性减缓，血脂成为血垢，逐渐沉积在血管壁上，使血管增厚，失去弹性，从而形成血管硬化，易发生血栓而致血脉阻塞，引起血液循环障碍。血流量减小，血液带氧能力下降，供氧不足，严重时就有生命之危。

蜂胶中的黄酮类化合物能够起到软化血管，降低血管脆性，防治血管硬化，改善微循环的作用。研究与临床表明，凡对心血管疾病有较好疗效的中草药和活血化瘀类药物，均含有黄酮类物质。而且，蜂胶中的多种成分有类似维生素P的作用，同样对软化血管，降低血管脆性，扩张血管，加快血流速，减少红细胞和血小板聚集，减少血栓形成，改善微循环有很好的效果。因此，蜂胶有"血管清道夫"之说。

蜂胶还能使心脏收缩力增强，使呼吸加深，还能调整血压、净化血液、调节血脂。

1975年，房柱教授发现蜂胶的降血脂效应，随后开展的大规模研究与临床证实蜂胶对高血脂、高胆固醇、高血液黏稠度有明显调节作用，能预防动脉血管内胶原纤维增加和肝内胆固醇堆积，对动脉粥样硬化有防治作用，能有效消除血管内壁积存物，抗血栓形成，保护心脑血管，改善血液循环状态及造血功能。

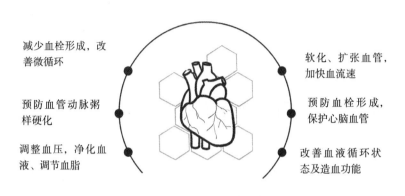

减少血栓形成，改善微循环

软化、扩张血管，加快血流速

预防血管动脉粥样硬化

预防血栓形成，保护心脑血管

调整血压，净化血液、调节血脂

改善血液循环状态及造血功能

一般谈到心血管疾病，人们往往会忽略微循环问题。微循环就是血液经过大血管，再流经分布广泛的毛细血管网，汇合流入微静脉。血液在微循环过程中，既要输送养料，又要排除废物。如果微循环发生障碍，就会妨碍营养物质的交换，损害正常细胞、器官和组织的功能，导致机体衰老，产生疾病。人体的任何器官，当微循环发生障碍时，就会出现相应病变。

例如，心肌微循环有问题，会有心慌、胸闷、心律不齐，甚至梗死。脑微循环有问题，会失眠、健忘、头晕、头痛。肝微循环有问题，会腹痛、腹胀、食欲不振。肾微循环有问题，会腰酸、腰痛、水肿。皮肤微循环有问题，会皮肤粗糙，出现瘀斑、褐斑。

改善微循环主要是服用扩张血管，活血化瘀类药物，而这类药物中的主要成分就是黄酮类化合物。可见，如果能够坚持服用含丰富的黄酮类化合物的蜂胶，是防治心血管疾病，保持微循环处于良好状态的理想方法之一。

动脉粥样硬化是心脑血管疾病发病的主要原因。蜂胶能有效扩张血管、增强心肌收缩力、使高脂血症造成的动脉粥样硬化明显降低、并能明显降低总胆固醇的含量。蜂胶能通过抑制或缓和高脂血症；降低低密度脂蛋白和升高高密度脂蛋白的水平，保护血管内皮细胞，从而达到抑制动脉粥样硬化形成的效果。

28 蜂胶对降血压有作用吗

高血压病在临床上以动脉血压升高为基本特征。随着病情加重，常会使心、脑、肾等器官组织受损，发生功能性或器质性改变，如发生心力衰竭、肾功能障碍、脑出血等。

高血压的病因目前仍不十分明确。但可以肯定，它的发生与许多不良生活习惯有关。例如，平时摄入的脂肪过多，血液中的胆固醇、甘油三酯过高；食盐过多；过量吸烟和饮酒等。同时，随着年龄增长，血管出现老化、硬化时，就需要较高一些的血压来促进血液循环。

高血压目前主要通过服用药物控制，但药物治疗疗程长，且化学药物不良反应大，而蜂胶能很好地调节高血压。

蜂胶的基本成分是黄酮类化合物。蜂胶中还含有多种维生素、氨基酸及微量元素。特别值得一提的是，蜂胶中还含有蛋白酶、胰蛋白酶、淀粉酶、脂类等物质。

实验表明，蜂胶能使心脏收缩力增强，呼吸加深及调整血压，并可有效地抑制血小板聚集。临床验证发现其对高血脂、高胆固醇、动脉粥样硬化有预防、治疗作用，能防止血管内胶原纤维增加和肝内胆固醇堆积。

　　蜂胶中所含的黄酮、类黄酮物质有 200 多种。黄酮类物质可以改善血管的弹性和渗透性，舒张血管、降低血压，清除血管内壁积存物，净化血液，降低血液黏稠度，改善血液循环状态等。

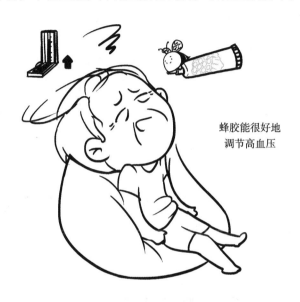

蜂胶能很好地
调节高血压

29　蜂胶对白血病有效吗

　　蜂胶能否治疗白血病，尚无定论，但在这方面国内外都有一些报道。

　　一位身患重症白血病的小男孩，肌肤已呈土色。为了治病，几乎跑遍了所有的医院，也服用了许多药物，病情却毫无起色。当他母亲听说蜂胶的好处后，就每天早晚两次在温水中滴入 5~6

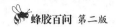
滴蜂胶，要他服用。3个月以后，他的脸色明显红润起来，食欲也有明显好转。将蜂胶的量增至10滴，又过了3个月后，他的脸色更佳，手脚也能动了。主治医师大感震惊，不禁令人对蜂胶所起的作用另眼相看。

1997年8月，在北京某中医院，住进了一位患有白血病的老太太，老太太年过7旬，身体十分虚弱。儿子四处为母亲寻求偏方，最后，儿子为母亲买来了最好的蜂蜜、蜂花粉、蜂王浆、蜂胶、灵芝孢子粉，还有黑蚂蚁，他把这些东西按一定的比例配制在一起，每日喂给母亲吃。随着时间一天天地过去，母亲的病情也在一天天地好转。到年底，医生给母亲进行全面检查时发现，各项血液指标都有好转，结果完全超出意料。

以上例子还不能说具有普遍性。蜂胶能否治愈白血病，尚须做进一步的研究与临床实践，但可以认为蜂胶对减轻白血病人治疗中的痛苦，延长存活期有一定的辅助作用。

30 蜂胶对糖尿病有效吗

蜂胶对糖尿病的作用主要是蜂胶对人体综合调整作用的结果，其最大的优势是对糖尿病从头到脚的多种并发症有非常突出的防治作用。

说到糖尿病，首先要了解糖尿病的种类和危害。糖尿病是一种古老的疾病，中医称之为"消渴"，即消瘦烦渴之意。西医学认为糖尿病是一种常见的内分泌疾病，是人体内胰岛素缺乏而引起的血液中葡萄糖浓度升高，糖大量从尿中排出，伴以多饮、多尿、消瘦、头晕、乏力等症状。进一步发展会引起全身多种严重的急、慢性并发症。糖尿病已成为继心血管疾病和肿瘤之后，危害人类健康的第三大杀手。

首先要了解什么是糖尿病？正常人体内血糖的产生与利用是处于动态平衡之中的。但一旦这种平衡被破坏，血糖异常升高，就会出现糖尿病。目前，国内外医疗界认定的人体血糖参考范围是：空腹血糖 3.9~6.1mmol/L；餐后 2 小时血糖 3.9~7.8mmol/L。

糖尿病有哪些种类和危害呢？糖尿病通常分为Ⅰ型糖尿病和Ⅱ型糖尿病两种，两种糖尿病的病因有所不同。糖尿病主要是遗传因素、自身免疫系统缺陷、病毒感染、肥胖、年龄和生活方式等方面的原因所引起。

Ⅰ型糖尿病又称胰岛素依赖型糖尿病，约占糖尿病人总数的10%，常发生于儿童和青少年，也可发生于任何年龄。

Ⅱ型糖尿病又称非胰岛素依赖型糖尿病，约占糖尿病人总数的90%，发病年龄多在 35 岁以后，起病缓慢，有隐匿性。Ⅱ型糖尿病有明显的家族遗传性。

此外，还有妊娠糖尿病和特异性糖尿病。妊娠糖尿病是在妊娠期间患糖尿病，高龄产妇多见，发病率约3%。特异性糖尿病主要包括，基因缺陷导致胰岛 β 细胞功能异常和胰岛素作用缺陷；胰腺外分泌疾病和胰腺内分泌疾病；药物及化学制剂所致糖尿病；非常见型免疫介导的糖尿病；其他遗传综合征有时伴发糖尿病。

胰岛素由人体胰脏中的胰岛 β 细胞分泌，唯其能使血液中的葡萄糖顺利进入各器官组织的细胞中，以提供能量。正常时，饭后胰岛素分泌增多，空腹时胰岛素分泌明显减少。正常人的血糖浓度在饭前、饭后虽有波动，但在胰岛素调节下，能使这种波动保持在一定范围内。而如果胰岛素缺乏，就会使血液中的葡萄

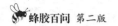

糖无法进入细胞并提供能量，血糖会因此而升高。

　　糖尿病对人体会产生严重危害。症状多表现为：多饮、多食、多尿和消瘦；经常感到疲倦、劳累；视力下降、视物不清；皮肤瘙痒；手足麻木或刺痛；伤口愈合非常缓慢；经常或反复发生感染，比如泌尿系统感染、疖肿、霉菌感染；男性易发生阳痿，女性阴道干燥、阴部瘙痒；易饥饿、恶心、呕吐等等。糖尿病如果进展严重，会发生多种并发症。

　　蜂胶对糖尿病的作用：

　　（1）蜂胶对糖尿病的综合作用，其中的黄酮类、萜烯类化合物具有促进外源葡萄糖合成肝原糖，并对胰岛细胞起保护作用；其所含梓醇、蝶芪等物质具有明显的降低血糖作用；蜂胶中铬、钙、锌、镁、钾等微量元素有激活胰岛素，改善糖耐量，参与胰腺细胞功能调节等功效。其次，蜂胶能对伴随糖尿病带来的高血脂、脑血栓等心脑血管并发症、对强化免疫、抗氧化、净化血液、排毒杀菌等有重要作用。

　　（2）蜂胶的抗病毒作用，已经得到世界各国学者的广泛认同。蜂胶中含有的胰蛋白酶等多种活性酶和抗病毒组分，对恢复胰脏功能的作用是积极的。蜂胶能活化细胞，促进组织再生，对修复病损的胰岛细胞和组织，作用是肯定的。蜂胶与蜂王浆合用，效果更好。1997 年，刘富海副研究员报道：蜂胶制剂用于糖尿病治疗，总有效率94%，能有效调节内分泌，促进糖代谢，刺激胰岛素分泌，很快降低血糖、缓解症状。

（3）蜂胶能强化免疫系统，增强免疫细胞活力，调节机体的特异性和非特异性免疫功能。多个蜂胶保健食品经试验表明，蜂胶能明显增强巨噬细胞的吞噬能力和自然杀伤细胞活性，增加抗体产量，显著增强细胞免疫功能与体液免疫功能，对胸腺、脾脏及整个免疫系统产生强有力的功能调整，增强人体抗病力与自愈力。

（4）蜂胶的抗氧化作用。人体内氧化过程会不断产生自由基。大量研究表明，糖尿病患者体内自由基升高与血糖升高有关。蜂胶是公认的天然抗氧化剂。蜂胶中的水飞蓟素能清除过剩的自由基，稳定生物膜，对胰岛损伤起保护性作用，阻止血糖持续升高。

（5）蜂胶可以清理血液。由于糖尿病人常伴有高血脂、高胆固醇，而蜂胶对高血脂、高胆固醇有明显调节作用，有助于对糖尿病的治疗。

既然蜂胶对治疗糖尿病有那么多好处，那么除了食用蜂胶保健品，还要不要服用降血糖的药物呢？这要据自身的病情来决定，主要取决于血糖降低的程度。如果光服用具有调节血糖作用的蜂胶产品，血糖就能够降低到比较正常的水平，那么就可以不再服用其他降糖药物；而如果光服用蜂胶，降糖效果不理想，就不要放弃其他降糖药物。蜂胶除了有一定的调节血糖的作用之外，更为明显的是对糖尿病的并发症有抑制作用，这是一些降糖药物所不及的。

糖尿病人一般不宜随便换药、随便停药，容易引起血糖反弹,严重时容易引起危险。使用蜂胶也一样,由于每个人病情不同,对蜂胶的敏感度不同,蜂胶的降糖效果也不同,能在短期内显著降低血糖的患者约占 40%,还有大部分患者需要在原来治疗基础上加服蜂胶,经常长期的服用才能达到满意效果。因此,用蜂胶治疗糖尿病时,需要在原来治疗基础上进行治疗,待各项指标到正常时再逐步减少其他西药的用量。特别要注意的是,如果血糖降低过快,形成低血糖,也是很危险的事情。低血糖反应是糖尿病治疗过程中经常会碰到的一种并发症。轻者可有心慌、手抖、饥饿、出冷汗等表现;重者可因脑缺氧导致昏迷,甚至死亡。因此,糖尿病人的治疗与调理应在医生指导下进行。

在服用蜂胶类调节血糖的产品时,如果发现血糖降低得过快,就要停止服用。个别厂家为追求降糖效果,在蜂胶产品中加入必须由医生开具的处方降糖药物,如苯乙双胍、格列本脲等,这是特别需要注意识别的。

已获国家批准的,约 200 多个具有调节血糖(辅助降血糖)功能的蜂胶类保健食品上市。

31 高脂血症患者吃蜂胶有作用吗

长期血脂高,是引发心脑血管疾病重要的危险因素。常见的并发症有脑梗死、脑中风、冠心病、心肌梗死、心力衰竭等。目前,我国成年人高脂血症患病率高达 41.1%。

血脂包括甘油三酯、胆固醇、磷脂、游离脂肪酸等,由脂蛋白运输。血脂在全身脂类中,仅占极小部分,但代谢却非常活跃。在正常情况下，人体脂质的合成与分解应保持在动态平衡状态。但是，一方面由于在饮食中摄入过量的高脂肪、高胆固醇、高碳水化合物的食品；另一方面由于肥胖病、糖尿病等疾病以及激素等因素的影响，会引起脂质代谢紊乱，导致胆固醇升高。

贴贴～

高血脂及脂质代谢障碍是造成动脉粥样硬化的主要因素。研究与临床证明，利用蜂胶治疗高脂血症可以取得明显效果。我国北京、南京、苏州等多家医院进行了蜂胶治疗高脂血症的临床研究，总有效率在80％以上。蜂胶能防治血管壁胆固醇的沉积，使血浆比黏度、血沉、红细胞压积、全血比黏度均呈显著性改善，降脂疗效比较持久。随着血液黏度降低，患者自觉头脑清晰，证明蜂胶具有延缓动脉硬化、狭窄和阻塞的作用。

连云港蜂疗研究室和南京医学院生理研究室，用蜂胶对家兔做试验，以安妥明为对照，试验结果，发现蜂胶抗高甘油三酯血症的作用较安妥明大，对抗高胆固醇血症的作用较小，它们均有预防肝内脂质堆积的作用，对胆固醇尤为显著。表明蜂胶有预防脂肪肝的作用。他们还发现，蜂胶有明显预防主动脉内胶原纤维增加作用，这对冠心病具有重要的预防作用。

中国农业科学院蜜蜂研究所吴粹文等用蜂胶口服液（总黄酮＞300mg/L）饲喂大鼠，发现能调节血脂、对抗大鼠血液甘油三酯、胆固醇含量的升高。

研究发现，具有调节血脂功效的十余类功效成分或功能因子，在蜂胶中基本都有，特别是黄酮类化合物、萜烯类化合物、不饱和脂肪酸等的含量十分丰富。

（1）蜂胶中的黄酮类化合物具有降血脂、清除自由基、扩张冠状血管等功能。其中黄酮醇类是蜂胶黄酮类化合物中主要降血脂的物质。目前已从蜂胶中鉴定出30余种黄酮醇类化合物，如乔松素、山柰酚、异鼠李素、白杨素等是这类化合物的典型代表。这些成分能增强毛细血管壁的弹性，增加毛细血管壁的抵抗力，保护毛细血管的坚韧性，预防脑溢血等。

此外，黄烷酮类、双氢烷酮类是蜂胶黄酮类化合物的另外两大类，都具有降低血脂、改善毛细血管功能。

高血脂患者体内自身清除自由基的能力降低，容易形成或加重动脉粥样硬化，而蜂胶中类黄酮是最有力的自由基清除剂，能减少过氧化物的形成。

（2）蜂胶中含有丰富的萜类物质及其衍生物，有很好地降低胆固醇的作用。主要通过抑制肠道胆固醇吸收而降低血清胆固醇。

（3）蜂胶中多不饱和脂肪酸的种类和含量十分丰富，已发现亚油酸、亚麻酸、花生四烯酸等近10种不饱和脂肪酸。多不饱和脂肪酸具有降低胆固醇、甘油三酯；提高高密度脂蛋白；降低血液黏度、减少血小板聚集和血栓形成的作用。

除上述之外，蜂胶中含有的20余种氨基酸，如丙氨酸、甘氨酸、脯氨酸、精氨酸等，还有蜂胶中的活性多糖类、甾体类都具有一定的调节血脂的作用。

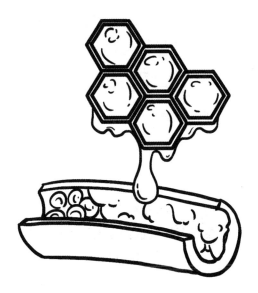

值得一提的是，上述这些蜂胶中调节血脂的功效成分或功能因子并不是孤立地发生作用，有不少是相互协同发生作用，因而使蜂胶在调节血脂方面独具特色。

高脂血症患者在服药的同时，服用具有调节血脂功能的蜂胶保健食品，不失是一种很好的辅助疗法。

 ## 32　蜂胶真的能抗癌吗

蜂胶中有丰富的抗肿瘤物质。药理试验和临床证明，蜂胶中的黄酮类、萜类化合物、多糖物质等都有杀灭和抑制肿瘤的作用。它们分别可以起到刺激白介素、干扰素、肿瘤细胞坏死因子和增强巨噬细胞的生成等作用。

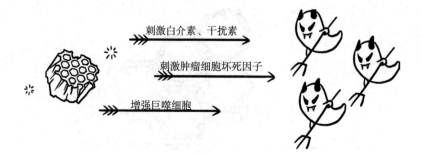

刺激白介素、干扰素

刺激肿瘤细胞坏死因子

增强巨噬细胞

蜂胶中的槲皮酮含量较丰富，再加其他抗肿瘤的成分，蜂胶类保健食品对辅助抑制肿瘤确有一定的效果。

1992年，任峻峨医师报道：癌细胞体外培养证实，蜂胶对癌细胞生长有明显抑制作用。在预防和治疗癌症的过程中，机体自身免疫力至关重要。免疫功能失调、免疫力下降时，致癌物质诱发正常细胞异常突变，并逃脱免疫监视，在体内迅速增生，形成恶性肿瘤。蜂胶具有抗癌广谱性，能抑制致癌物质代谢活性，增强正常细胞膜活性，分解癌细胞周围的纤维蛋白，防止正常细胞癌变、癌细胞转移。蜂胶通过强化免疫监视功能、增强自然杀伤细胞和吞噬细胞活性，识别和杀伤癌细胞。

手术或接受化疗、放疗的病人，食用蜂胶后，可以减轻毒副反应，恢复食欲正常，增强机体免疫力，逐步形成战胜癌症的内在动力。

蜂胶对免疫器官组织损伤有修复与保护作用，能防止脾细胞数降低、胸腺素活性下降。蜂胶有益于肾脏细胞的生长与代谢，能促进肾脏细胞的分裂增殖。蜂胶能使肝脏组织中的酶活性增强，并调节肝细胞的功能。

蜂胶通过有效调节人体器官组织的生理功能，形成生物反应调整的势态，构筑抑制肿瘤的基础。蜂胶具有良好的抗肿瘤活性，其主要抗肿瘤机制包括促进细胞凋亡、诱导细胞周期阻滞和干扰细胞代谢途径。

肿瘤是非常复杂的疾病，目前尚无根治的药物。预防和治疗肿瘤需要多方面的进一步研究。蜂胶在预防和治疗肿瘤方面主要是调理人体的某些生理功能，使其加强防御肿瘤和抗击肿瘤的能力，对放疗、化疗的副作用起到一定的改善作用。总体上说，蜂胶具有辅助抑制肿瘤的作用。由于患者个体的差异性，同样服用蜂胶，效果也不尽相同。因此，肿瘤患者在服用蜂胶的同时，仍需坚持医学上的治疗，效果可能会更好。

1997 年，吕泽田与中国医学科学院韩驰教授合作试验证明：蜂胶对淋巴癌、肝癌的抑瘤率分别达到 38% 和 39%。蜂胶制品不会像放疗、化疗误杀正常细胞，还具有提高机体免疫力的作用。

33　蜂胶对肝病有作用吗

蜂胶对化学性肝损伤或其他因素引起的肝损伤有保护作用。这种保护作用并不单一是蜂胶的某一部分，而是多种活性成分协调作用的结果。

国内外研究和临床证明，蜂胶对四氯化碳、乙醇、D- 半乳糖胺、药物致肝脏损伤有保护作用。

蜂胶中的黄酮类化合物等对肝脏有很强的保护作用，能够解除肝脏毒素，促进肝细胞的恢复；萜烯类物质有降低转氨酶作用，能防止肝硬化。

大量临床观察表明，乙肝患者采用蜂胶治疗，同时配合服用大剂量蜂王浆，大多数患者在短期内取得良好疗效。乙型肝炎是一种病毒性疾病，通过血液和体液传播。注射、输血、日常生活中与乙肝患者和乙肝病毒携带者接触都有可能成为传染途径。乙肝是目前国际医学难题之一。乙肝初期，症状不明显，往往被忽视。随着乙肝病毒对肝脏损害逐渐加重，会出现食欲不振，肝区不适或疼痛，睡眠不足，急躁易怒，乏力消瘦，厌油口干，消化不良，头晕腹胀，记忆力减退，精力体力明显不足，有的还会出现肝脾肿大等一系列症状。治疗乙肝，需清除体内乙肝病毒，抑制病毒在肝脏细胞内复制，同时要强化自身免疫，提高自身抗病能力等。

蜂胶具有广谱抗菌作用，对肝炎病毒有杀灭作用；它的增强机体免疫力、改善微循环、抗氧化、阻止肝细胞纤维化等作用，有利于促进乙肝表面抗原转阴。

《神奇蜂胶疗法》一书中列举出：1977 年，卡明斯基等人报道，蜂胶提取物能够提高大鼠肝脏琥珀酸脱氢酶活性、还原型尼克酰胺腺嘌呤二核苷酸磷酸、葡萄糖 -6- 磷酸酶、三磷酸腺苷酶和酸性磷酸酶活性，从而促进肝细胞的能量代谢及蛋白质、核酸的合成。

1991 年，Hollands 等人研究报道，蜂胶中的黄酮类等物质对肝有很强的保护作用，能够解除肝脏毒素，减轻肝中毒。

研究还证明，蜂胶中的木脂素可以改善毒物质对肝脏的影响，促进细胞的恢复。萜烯类化合物有降低转氨酶的作用，对四氯化碳引起大鼠急性肝损伤有明显的保护作用，能促进肝细胞再生、防止肝硬化。

1994 年，Gonzalez 等人研究还发现，蜂胶的解毒作用与 N-乙酰半胱氨酸的解毒作用相似。

1996 年，日本医学工作者本伦大报道，服用蜂胶不仅能使乙肝转阴，而且也能使丙肝转阴，同时对肝硬化也有很好的治疗作用。

国家"九五"蜂胶攻关项目组曾与北京数家医院进行了大量的临床观察研究，结果表明：乙型肝炎患者采用蜂胶治疗，同时再配合大剂量（每日 20g）蜂王浆，大多数患者在短期内取得了很好的疗效。因此，蜂胶在预防和治疗肝病方面具有积极作用。

34 蜂胶有抗疲劳作用吗

疲劳是生命运动中的一种生理现象，表现为运动能力暂时性下降，是机体防止过度功能衰竭的一种自我保护性反应。

机体长时间持续运动，消耗糖原，同时大量摄取血糖。当血糖的摄取速率大于糖原的分解速率时，血糖水平降低。中枢神经系统依靠血糖为主要能量来源物质，当血糖供应不足，导致全身性疲劳。

生命运动需要能量，人的各种生理活动和工作、学习、劳动、生活都需要能量支持。人体所需的能量，来源于食物中的营养物质（蛋白质、脂肪、碳水化合物）在体内氧化代谢过程中生成的一种高能化合物：ATP（三磷酸腺苷）。

糖是人体主要的供能物质，体内糖氧化代谢时所释放的能量，一部分储存于ATP，一部分以直接产热的方式维持体温。脂肪的主要作用是能量储备，在供氧充足时（劳动或运动时）脂肪也是能量的重要来源。而食物中的蛋白质，除了给人体蛋白质生物合成所必要的各种氨基酸，作为人体组织生长、修复和更新的原料外，也能在体内需要时，氧化代谢产生能量。

食物中的营养物质，经体内氧化代谢与物质交换过程，把能量储存于ATP，再实现多种形式的转移和利用。

实验证实：蜂胶能提高ATP合成酶活性，以生成更多的ATP，在代谢过程中，释放出能量，因此，ATP被称为能量与活力之源。体内能量充裕，机体代谢顺畅，及时有效地分解和清除代谢废物，就可以恢复体力，使人精力旺盛。

同时，蜂胶还能抑制ATP分解酶的活性，以调节ATP的分解过程，保障机体按需要合理分配使用ATP。

在物质来源稳定和体内组织细胞氧化代谢功能正常的前提下，ATP被消耗后，还能再生。

ATP是地球上所有生物体内都能生成的物质，在哺乳类动物中，一般存在于骨骼与肌肉中。野兔腿部肌肉中，ATP含量最高，可以解释野兔在野外的奔跑速度为什么那样快。

由于多方面因素影响，造成人们体内 ATP 浓度下降。大脑、肝脏、肾脏负担过重，需要更多的 ATP 供应能量。但机体组织细胞，特别是细胞膜和细胞器线粒体，容易受到体内过剩的自由基的损害，氧化磷酸化代谢过程出现障碍，ATP 产量降低，体内 ATP 需求大于供给，收入支出不平衡，就引起持续疲劳综合征，严重危害健康。

研究证实：蜂胶能影响体内氧化磷酸化过程，保护细胞膜，保护细胞器线粒体 DNA，优化细胞氧化代谢功能，提高机体能量转换效率。

1997 年，吴粹文研究员报道：通过给食蜂胶口服液，与对照组相比较，蜂胶组小鼠负重游泳时间、爬杆时间明显延长；血乳酸和血清尿素氮含量降低，血糖量增加。证实蜂胶能明显延长有氧呼吸时间，抗疲劳作用肯定。

国家权威机构的检验也证实蜂胶确有明显的抗疲劳功能。

35　蜂胶可以延缓衰老，是真的吗

生老病死，不可逆转。但人们可以通过多种途径延缓衰老。要做到这一点，首先要对衰老的原因有所了解。

人的自然寿命，首先是由遗传决定的。在人体细胞氧化代谢功能健全、正常的情况下，衰老进程是按遗传程序安排的速度进行。但当细胞氧化代谢功能失调、紊乱，则会加快衰老进程，出现早衰。

导致细胞代谢功能失调的原因是多方面的，抗氧化物质供应不足是最重要的原因。人体细胞膜的主要成分是多不饱和脂肪酸，如果人体内自由基过剩，在其影响下发生过氧化作用，所产生的丙二醛及其相关的复杂产物与蛋白质分解的氨基酸残基、脂类物质结合成复杂的交联状脂褐素。脂褐素是公认的主要的促进衰老的物质，它沉积于脑组织、心脏、肝脏、脾脏和皮肤组织中。

脂褐素沉积于皮肤组织中，就成为"老年斑"；沉积于肝脏、脾脏等免疫器官组织中，会引起免疫功能失调，抗病力与自愈力降低。随年龄增长，当脂褐素在体内积累过多时，会引起酶的活性降低或失活，造成细胞结构损伤性改变，直接影响细胞线粒体氧化磷酸化代谢功能，降低 ATP 产量，损害线粒体 DNA，引起复制或转录差错，发生交联聚合或断裂失活，这是细胞衰老的分子基础。

代谢是生命运动的表现形式，细胞氧化代谢功能失调，造成机体物质交换能力降低，营养物质利用率下降。如此等等，必然会加快衰老进程。

人的生命虽然有限，但衰老可以延缓，衰老速度和存活时间可以由自己进行调控。中老年人与青年人相比，生理功能发生了很大变化，而这种变化正是前面提到的原因所引起，本质上是抗氧化物质缺乏所引起。

实验表明：及时补充足够的抗氧化物质，能改善体内氧化代谢过程，强化体内清除过剩自由基的自我保护机制，防止和减少体内脂褐素的积累对机体生理功能造成的损害，从而延缓衰老进程。

蜂胶所具有的非常显著的抗氧化功能，早已被国内外的科学研究反复证实。食用蜂胶保健食品，能有效补充体内不足的黄酮类化合物、维生素、矿物质等抗氧化物质，起到延缓衰老的作用。例如，李时珍在《本草纲目》中就记述了祖先用芦丁原料槐米的保健功能，称"吾常服槐子，年七十余，发鬓皆黑，目看细字，又云久服明目，白发还黑，眩晕、便秘、有痔及下者，尤宜服之"。蜂胶中的大量黄酮类化合物均具有与芦丁相同的作用。

36 蜂胶可以治感冒吗

感冒是一种多发病，常见病。每当感冒，尤其是重感冒时，就会头晕头痛、四肢无力，有时尽管服用了治疗感冒的药物，也要一周左右的时间才能痊愈。

在感冒时，除吃药外，加服蜂胶，如每日 20~40 滴蜂胶液，或 4~6 粒蜂胶软胶囊，短时间内即可明显减轻头痛、头晕症状。连续服用 2~3 次即可明显减轻症状。对于久咳不愈的感冒患者，用蜂胶气雾剂喷喉咙，可以减轻咳嗽症状。坚持服用蜂胶，对感冒可防患于未然。很多患者反映，从他们服用蜂胶后，一年到头很少感冒，抵抗力要比以前强得多。

蜂胶的抗菌、抗病毒作用十分显著。研究试验与临床应用证实，蜂胶中的黄酮类化合物等，对流感病毒 A 和 B 有很强的抑制作用。有研究表明，蜂胶中的黄酮类化合物可降低流感病毒和脊髓灰质炎病毒、呼吸道合胞病毒的感染和复制能力。因此，常服蜂胶是防治感冒的有效方法。

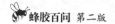

 37 蜂胶对胃肠病有哪些作用，蜂胶对缓解便秘有效吗

　　胃肠病的致病菌主要有幽门螺杆菌、葡萄球菌、链球菌、变形杆菌、大肠埃希菌等。蜂胶是天然广谱抗生素，对上述致病菌作用显著。肠炎、胃炎、胃溃疡患者食用蜂胶后，快速消炎止痛、溃疡愈合、幽门螺杆菌感染转阴。胃肠病患者食用蜂胶，不仅温和有效，而且不会引起消化道寄生菌群失调。

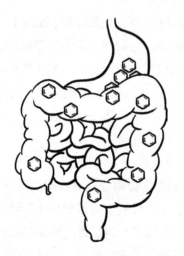

　　由于蜂胶具有很好的天然广谱抗菌作用，因此人们用蜂胶治疗胃及十二指肠溃疡。

　　1982 年，国外专家首次从慢性活动性胃炎患者的胃窦黏膜中分离培养出了幽门螺杆菌，并证实幽门螺杆菌是胃及十二指肠溃疡的重要原因。1994 年，国外专家报道，蜂胶提取物中的松属素、高良姜素、柯因有很强的抗幽门螺杆菌的作用。胃炎、胃溃疡患者服用蜂胶后，胃部疼痛逐步消失，多数患者在坚持服用蜂胶后，溃疡愈合、幽门螺杆菌感染转阴。

1988 年，张震主任医师主持溃疡病临床验证，设蜂胶组与溃疡药锡类散组相对照，结果蜂胶组溃疡愈合率为 71.93%，明显高于对照组的 26.7%，且蜂胶组止痛效果也比较理想。

由于蜂胶能在胃和十二指肠黏膜上形成一种酸不能渗透的薄膜，再加上蜂胶显著的杀菌消炎作用和促进组织再生作用，使蜂胶治疗胃和十二指肠溃疡疗效显著。

奥地利专家用蜂胶酊治疗溃疡病 15 例，14 例治愈，比常规药显效。通过对 294 例溃疡病人的治疗观察，证明加服蜂胶治疗组溃疡疾病可迅速止痛，治愈时间短，治愈率高。

保加利亚专家用蜂胶酊治疗慢性肠炎和亚急性肠炎共 45 例，总有效率高达 95.6%，患者对蜂胶未产生任何毒性和不良反应。

我国房柱教授用口服蜂胶片同样也能使多年慢性肠炎患者获得良好疗效。

2002 年，住在北京右安门的一位学生家长向我们反映，他的孩子经常胃痛，去多家医院就诊，吃了很多药，胃痛仍时常发作，但服用蜂胶产品两周后，胃痛症状消失，感到非常高兴，特意让我们向同样的患者推荐。

蜂胶对便秘也有很好的效果。很多便秘患者食用蜂胶一段时间后，发现自己排便变得通畅了。

粪便是一种很强的吸附剂，体内的代谢废物、肠道细菌所产生的酶等，均被粪便吸附排出体外。粪便中的某些成分，比如蛋白质的分解产物——氨、硫化氢、吲哚等都是有毒物质，而脂肪代谢的某些产物是结肠癌的致病因子。当发生便秘时，这些废物不能顺利排出体外，长时间停滞在体内，不仅患者十分痛苦，而且对健康会产生很大的危害。

　　据俄罗斯学者研究报道，在蜂胶液进入被阻塞的肠管时，蜂胶会直接对支配肠道的神经产生作用，增强肠道的收缩力，缩短肠道收缩周期，促进肠道蠕动，并能使肠内压增高，进而使肠道排便顺畅。

实际上，蜂胶的抗菌、抗氧化、消除毒素的能力，也在治疗便秘中起着很大的作用。蜂胶可以杀灭肠内的有害病菌，治愈急、慢性肠炎，还可以减少有害气体产生，恢复肠道功能。

38 蜂胶对妇女更年期障碍有何作用

妇女更年期是卵巢功能逐渐衰退到消失的过渡时期，是由下丘脑 - 垂体 - 性腺轴系的改变引起的。

更年期障碍是由于内分泌的紊乱，自主神经功能失调引起。通常表现为精神倦怠、烦躁，性功能减退及器官组织衰老，给患者造成极大痛苦。目前，常用药物效果均不理想。

蜂胶中含有丰富的营养素与活性物质，能增强细胞的活性，促进组织再生，抗菌消炎，修复病变损伤的组织器官及其功能，还能促进内分泌活动，调节自主神经功能。

内分泌系统是机体生理活动的重要调节系统，是由具有分泌激素功能的内分泌腺体和组织所构成。蜂胶对内分泌系统的作用十分显著。

蜂胶能使妇女更年期症状减轻或消失，还能改善性功能。难能可贵的是，蜂胶对男性更年期也有效。

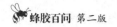

 39 **蜂胶对口腔疾病的效果如何**

据调查，我国口腔疾病的发病率呈上升趋势，口腔疾病总患龋率为 60%~80%，其中，城市儿童乳牙患龋率超过 80%。

自 1989 年起，国家 9 个部委倡导，将每年的 9 月 20 日定为全国"爱牙日"，这一天在全国宣传普及口腔保健知识。世界卫生组织曾将 1994 年的"世界卫生日"的口号定为"健康的生活需要口腔卫生"。由于口腔卫生对于人类的健康十分重要，口腔卫生已经引起世界各国的广泛关注。尤其是龋齿，被世界卫生组织列为世界范围应重点防治的慢性非传染性疾病之一。

20 世纪研究发现，氟化物有防龋齿的作用，并通过广泛应用氟化物制品，使人类龋齿病日益恶化的发展趋势得到了控制。但是，氟化物也存在缺陷，长时间或过量使用氟化物，会引起黄斑牙或氟牙症，甚至可能引起严重的氟骨症，造成骨骼畸形。而用量过小，又起不到预防作用。

病从口入，很多疾病是因为口腔不卫生所致。例如，寄生于口腔内的各种病菌是导致肺炎的一个重要原因。日本东京老人医疗中心对死亡老年人的肺部做了详细检查。检查结果表明，大多数老年人患肺炎与口腔内的细菌进入气管有关，如果肺炎病菌和唾液一起进入气管，便会引发肺炎。该医疗中心的人员还注意到，因患肺炎而死亡者大都患有心脏病、癌症、糖尿病、老年痴呆症等，或者是长期卧床体质虚弱的老人。为什么这些人容易患肺炎呢？一方面是与口腔不卫生有直接或间接的关系。另一方面，患有上述病症的老年人，机体免疫能力都有不同程度的下降，身体各器官的协调出现异常，抵御疾病的能力低下，口腔内的病菌便容易引起呼吸系统的严重感染。

有研究对蜂胶溶液治疗口腔黏膜和牙齿部分疾病进行了临床观察，于1993年在第33届国际养蜂大会上发表题为《蜂胶Ⅰ号液治疗牙齿感觉过敏症的探讨》，病例412，总有效率85.9%；《蜂胶Ⅱ号液治疗根尖周围炎的疗效观察》，病例72，其中有瘘管者10例，总有效率97.2%；《蜂胶Ⅲ号液治疗牙龈出血的观察》，病例60，总有效率90.0%。此外，治疗复发性口腔溃疡200例，总有效率81.7%。同时，对部分白色念珠菌、口腔黏膜白斑、扁平苔藓和坏死性黏膜腺周围炎，亦收到较好疗效。

大量临床实践表明，认真的刷牙、漱口，对预防口腔疾病，防治儿童龋齿，增进老年人的健康，延长生命具有十分重要的作用。

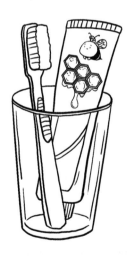

另外一个有效保持口腔卫生的方法就是应用蜂胶制品。例如使用含有蜂胶的牙膏、含漱液；也可将蜂胶液直接滴入口腔内，

或将蜂胶膏、蜂胶软胶囊等在口中咀嚼含服。蜂胶的麻醉、消炎、杀菌、除臭、增强免疫力等功能在口腔疾病的预防和治疗上能发挥很好的作用，从某种意义上说，蜂胶是口腔卫生的守护神。

40 蜂胶能预防、治疗龋齿吗

龋齿是附着在牙面的变形链球菌代谢物引起牙硬组织解体的感染性疾病，即由于变形链球菌的葡萄糖基转移酶的作用，从蔗糖中生成不溶性葡萄糖，附着在牙表面后形成牙垢。由于附着在牙垢上的变形链球菌的作用，从葡萄糖、蔗糖等糖类中生成酸，使牙的珐琅质脱钙，发生龋齿。龋齿症状的发生与饮食中的糖类、口腔微生物、牙质等多种因素有关。但是，只要抑制住口腔内的微生物，口腔疾病就可以得到很好的控制。

1994 年，日本池野等人研究表明，蜂胶对老鼠龋齿有很好的治疗效果。1996 年，日本西尾美绪等人研究报道，蜂胶乙醇提取物对变形链球菌具有非常强的抗菌活性，在很低的浓度下，即表现出很强的抑制变形链球菌生长的活性。并且，蜂胶中的桂皮酸化合物是抗变形链球菌的主要成分。桂皮酸还能阻碍葡萄糖基转移酶的活性，可以有效地阻止不溶性葡聚糖的合成，并能有效抑制变形链球菌从蔗糖中生成酸。同时发现，桂皮酸化合物在抗菌活性和酸生成抑制力之间没有特别的相关性。他们认为，蜂胶预防龋齿的效果，是蜂胶的抗菌作用和对糖代谢阻碍作用的综合作用结果。除桂皮酸外，蜂胶中含有数百种的药理活性物质，使用蜂胶预防龋齿，具有广阔的应用前景。

41 蜂胶可以治疗口腔溃疡、蛀牙和牙周炎吗

由于蜂胶的麻醉、消炎、杀菌、促进组织再生等作用，治疗口腔疾病有特殊疗效，深受使用过的患者欢迎。

蜂胶治疗口腔炎症有一个特点，就是将蜂胶溶液直接滴在溃疡或牙龈发炎处，不仅能够很快止痛，还能够马上形成一层薄膜，这层蜂胶膜不易被口水冲掉，能覆盖在患处数小时，起到止痛、消炎、杀菌等作用。一般连续用药后，短期内即可痊愈。

科研人员已将蜂胶精制成渗透力更强的"蜂胶气雾剂"，在口腔溃疡、牙龈发炎、喉咙疼时，对准口腔轻轻喷几下即可。而且可以随时随地使用，十分方便。

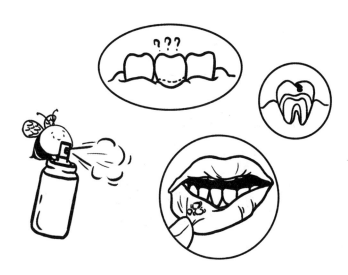

42 蜂胶可以除口臭、治牙疼吗

口臭的原因很多，有的是不讲究卫生，不常刷牙，有的是胃部有病。口腔异味给社交带来很多不便。

而饮用蜂胶或用蜂胶水漱口，或者用蜂胶气雾剂、蜂胶口嚼片等进行口腔保健，不仅可以解除口腔疾病，而且还能逐步治愈体内疾病，从根本上消除口臭。

"牙疼不是病，疼起来真要命"。牙疼时，茶饭不香，彻夜难眠，半边脸都很难受。由于蜂胶具有麻醉、止痛、消炎等作用，在牙疼时，滴上几滴蜂胶浓缩液，可以在短时间内起到缓解疼痛，解除痛苦的效果。

43 蜂胶可不可以治疗鼻炎、鼻窦炎

急性鼻炎、慢性鼻炎和萎缩性鼻炎均可采用蜂胶制剂治疗。Kravchuk 用蜂胶浸膏液治疗萎缩性鼻炎和近萎缩性鼻炎患者 260 例，有效率 95.8%。Ciuchi 等用蜂胶治疗慢性化脓性鼻炎、初

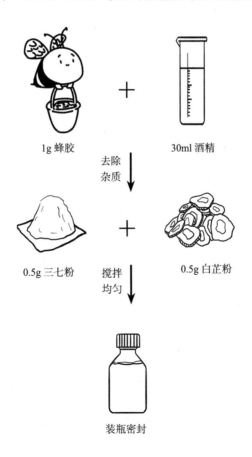

1g 蜂胶　　　　　　　　30ml 酒精

去除
杂质

0.5g 三七粉　　搅拌均匀　　0.5g 白芷粉

装瓶密封

期萎缩性鼻炎和咽炎患者 35 例，Doroshenko 用植物油制的蜂胶软膏浸透塞子放置患者鼻道进行治疗，还用新调配的蜂胶溶液滴鼻和含漱以清除恶臭，治疗鼻炎和重度慢性萎缩性鼻炎 18 例，Fenkel 用蜂胶溶液或蜂胶酊做鼻窦腔内注射治疗患者 14 例。Kovalik 用蜂胶油乳剂治疗白色念珠菌引起的成人慢性化脓性上颌窦炎患者 12 例，在较短期内几乎都能治愈。

徐传球试用蜂胶、三七和白芷治疗鼻炎起到了很好的作用，方法是：1g 蜂胶放入 30ml 乙醇中溶化，去除杂质后，加三七粉、白芷粉各 0.5g，搅拌均匀后装入瓶中密封。每天早晚取出擦拭鼻部 2~3 次。连续使用，可以起到很好的效果。

44 听说蜂胶可以加速组织愈合，是真的吗

《中华人民共和国药典》（2020 版）指出蜂胶有"外用解毒消肿、收敛生肌"的作用。

蜂胶具有帮助炎症消退，促使坏死组织脱落和促进组织细胞再生的功能，一般称为促进组织再生。

早在 18 世纪，英国南非战争和第二次世界大战期间，蜂胶已被军队用于抗菌和促进组织再生的外科治疗中。

实验证实，蜂胶能改善微循环，并使微循环障碍得到恢复，激活细胞有丝分裂，使受伤的肌肉、骨骼的坏死组织尽快脱落，加速细胞再生，加快创口愈合。有报道证实，蜂胶乙醇提取物能使创面的愈合速度较利福平药膜缩短 1/3 的时间。还证实，蜂胶

对复发性口腔溃疡、口疮具有满意疗效，这是因为蜂胶增加了口腔黏膜的血液循环，抗菌消炎，促进组织再生，加速创面修复，且有麻醉止痛作用。大量资料还证实，蜂胶制剂对口腔黏膜坏死周围炎，疱疹性口炎和创伤溃疡等均有良好效果。

许多学者试验证明，蜂胶制剂对切割创伤、深度烧伤也有良好的治疗作用。阿拉杜斯基通过动物进行深度烧伤的治疗观察，发现用10%~35%蜂胶软膏治疗，比一般治疗烧伤的药物愈合时间短，疗效好。

罗马尼亚科研人员，用蜂胶治疗烧伤和创伤，在24小时后创面形成干痂，炎症被控制；而用磺胺嘧啶银软膏治疗的对照组创面4周仍然发炎，潮湿坏死。6天后，用蜂胶治疗的创面无感染症状，覆盖薄痂，其脱落部分的上皮已初期形成，到第12天愈合；而对照组第6~8天仍旧发炎，出现肉芽，直到第20~24天才愈合。

有实验报告，蜂胶对骨、软骨、牙髓损伤等有促进组织再生和加快创伤愈合作用。实验证明，蜂胶加速骨再生的速度是对照组的2倍，可加速骨化过程；对软骨损伤的再生修复也同样能加快速度。

有意思的是，赛靳等人报道，蜂胶提取物能促进体外培养的肾细胞的生长。他们在体外培养的肾细胞中，一半加入蜂胶提取液，一半做对照。培养24小时后，两组每1万个细胞中处于有丝分裂各期的细胞总数，蜂胶组为721，对照组为346，两组之间相差1倍多。可见，蜂胶对于体内组织器官的损伤具有修复作用。

目前，关于蜂胶促进组织再生的临床报道虽然不多，但其促进组织再生的作用毋庸置疑，应用前景十分乐观。

杀菌、消炎、止血、
促进伤口愈合

45　蜂胶对改善睡眠有帮助吗

　　睡眠是人类最基本的生理需求，是生命运动的一种主动过程。人类在长期的自然进化过程中，形成了人体与自然界同步运动的生物节律。地球自转形成昼夜 24 小时的节律，人类睡眠也随着昼夜循环交替形成了节律周期。人类的睡眠节律与大自然昼夜变化相一致，即白天觉醒，夜晚睡眠，睡眠与觉醒是周期性的变化。

　　正常的睡眠是指：正常的睡眠节律、正常的睡眠时间和正常的睡眠质量，是人体神经系统功能正常的表现，是健康的首要因素。正常的睡眠表现出如下功能：

　　调节免疫力，提高抗病力。睡眠时，人体免疫系统功能活跃，产生抗体的能力充分发挥，免疫细胞活性增强，是机体免疫系统实施防御、免疫自稳、免疫监视三大基本功能的重要过程，即抗病原微生物，识别和消除自身衰老残损的组织细胞，杀伤和清除异常突变细胞的重要过程，借以维持生命运动中的生理平衡，巩固和提高人体抗病力与自愈力。

促进生长发育。儿童在睡眠时，生长激素分泌水平提高，进入青春期后，只有睡眠时才能分泌生长激素，生长发育主要是在睡眠时完成的。

延缓衰老。人的生命就像一团燃烧的火焰，睡眠时是最小程度的燃烧，能有效延长燃烧的时间。有规律的正常睡眠，是健康长寿的先决条件。

美容作用。睡眠时皮肤组织血液循环状态良好，分泌和消除顺畅，修复与再生活动旺盛。正常的睡眠，美容作用直观，睡眠不好的人，从容颜上就能表现出来。

消除疲劳。睡眠是人体消除疲劳的主要方式，人在睡眠时，机体新陈代谢活跃，疲劳物质被分解排出体外。同时在氧化代谢还原过程中，细胞线粒体大量合成能量物质。

保护脑组织。大脑在睡眠时耗氧量减少，有利于脑组织能量积累，有利于脑神经传导介质合成，有利于脑细胞修复与再生，对脑健康至关重要。

现代社会竞争激烈，污染日甚，人们在日益紧张的环境状态下生活，心理压力与生理压力与日俱增，脑力劳动者饱受失眠困扰；更年期妇女不堪失眠煎熬；许多中老年人因为失眠加快了衰老。

正常的睡眠是健康生活的主要内容之一，睡眠不好严重影响身心健康，引起免疫功能低下，内分泌失调、性功能障碍、神经系统功能障碍等多方面生理功能紊乱，导致机体功能系统严重损害，易患多种疾病。

据调查：在失眠人群中，城市人口多于农村人口，女性多于男性，高收入者多于低收入者，脑力劳动者多于体力劳动者。

脑力劳动者容易失眠，主要是长时间脑力劳动，血液循环缓慢，新陈代谢水平低，心脏维持脑组织及全身器官血液循环动力不足，容易引起脑供血不足。脑力劳动者长期过度用脑，神经系统长时间处于紧张状态，脑内释放的兴奋物质过多，脑组织的兴奋状态难以得到正常的抑制与修复，形成中枢神经系统超负荷运转，兴奋与抑制功能失调，从而导致失眠。

中国有"不觅仙方觅睡方"的古训，可见古人对改善睡眠之重视。

医生普遍使用镇静剂、抗抑郁剂或安眠药来治疗失眠。但这些化学合成的药物，在抑制中枢神经系统兴奋的同时，容易产生耐药性、成瘾性及各种不良反应：如脑细胞损伤、记忆力下降、血压升高、免疫力低下、性功能障碍、头痛头晕等，严重者（过量服用）还可能会导致死亡，使失眠人群望而生畏。

研究发现，蜂胶产品有可靠的改善睡眠功效，而且用量少、显效快，安全无毒。

失眠者食用蜂胶产品后，比较容易进入自然生理睡眠状态，睡眠质量高，醒来后头脑清晰，精力充沛。失眠带来的头痛头晕、心悸气短、体倦、烦躁恶心，腰酸腿疼等症状，也都不治而愈。

研究认为，蜂胶产品通过调节血压、调节血脂、调节血糖、降低血液黏稠度、降低冠状动脉阻力，增加血流量，改善血液循环状态，改善脑供血，改善血液带氧功能，为脑组织及中枢神经系统功能调节，提供足够的能量。

通过改善细胞膜的通透性，影响脑组织网状结构上行激活系统及多巴胺系统，达到抑制条件反射、减少自发及被动活动，调节中枢神经系统兴奋与抑制的节律，对抗咖啡因等因素引起的兴奋作用，从而引起内抑制扩散，使条件反射消退，非条件反射潜伏期延长，从而形成改善睡眠的稳定效果。蜂胶改善睡眠功能的新发现，开创了蜂胶养生保健的新方法，大多数食用者从此告别失眠困扰，享受健康美好的生活。

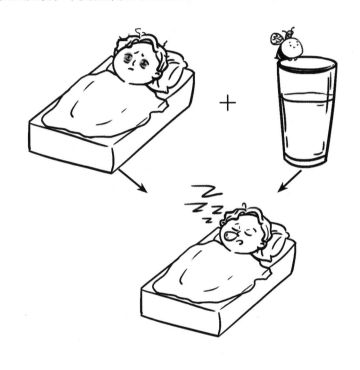

 46 蜂胶对眼科疾病有无效果

　　由于蜂胶有抗炎杀菌之功能，从而也被成功地运用于对眼科疾病的治疗。杨文山等（1995）采用蜂胶液治疗角膜病，包括病

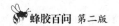

毒性、细菌性、霉菌性、角膜异物术后、角膜上皮擦伤等 52 例，总有效率 98.1%。疗程最短的 2 天，最长的为 20 天，疗效显著。

47　蜂胶能解酒吗

过量饮酒有百害而无一利。饮酒，尤其是过量饮酒会增加肝脏的负担，久而久之会引发脂肪肝、肝炎、肝硬化等病变。

有许多时候，饮酒多少会不由自主。现代社会，工作繁忙，总是会有许多免不了的交际与应酬，在这些场合中，饮酒是不可避免的。为避免醉酒，首先还是要增强自制力，适量少饮，量力而行，如果实在不好推辞，不妨在饮酒前先在口中滴入少量的蜂胶。虽然只是少少的几滴蜂胶，却能有效地缓解醉酒，也可以将蜂胶加入酒中混合饮用，起到缓解醉酒，减轻肝脏负担的作用。

48　蜂胶对抑制前列腺增生的效果如何

前列腺增生，是指由于分泌与代谢功能失调，引发前列腺上皮细胞有丝分裂活动失控，导致前列腺体积逐渐增大几倍甚至十几倍，进而压迫尿道，导致排尿困难，尿急、尿频、尿不净，甚至尿失禁等，也称"前列腺肥大症"，是一种慢性的中老年男性常见病变，发病率有逐年增高的趋势。前列腺增生，会压迫尿道，使尿道变形，弯曲甚至出血，常引起免疫力功能障碍，导致尿路感染，损害肾功能，引发多种病变。

　　蜂胶是自然总黄酮含量最高的天然物质，具有抑制前列腺增生功能。按推荐方法食用蜂胶产品，尿急、尿频会明显好转，尿常规、前列腺液化也趋于正常，前列腺 B 超显示体积变小。蜂胶产品能有效抑制前列腺增生，且不影响体内循环的性激素水平，避免激素类药物治疗前列腺增生时常见的副作用。

49 蜂胶可以减轻月经期的腰痛和腹痛吗

　　张女士患月经性腰痛，经人推荐食用加入蜂胶的蜂蜜。即将一小匙蜂蜜加入一杯温水中，然后再滴入 3~4 滴蜂胶搅匀。在

月经的前一周，每日 2 次（早餐前和就寝前）饮用。在月经期间，将蜂胶增至 5~6 滴。服用后，张女士感觉腰痛和腹痛感消失，也不再觉得慵懒无力。张女士成了蜂胶的爱好者。

50 蜂胶在美容护肤方面有无作用

蜂胶有利于美容和护肤，食用、外用都会有良好效果。

内服蜂胶可得益于蜂胶能全面调节器官功能，修复器官组织的病变损伤，消除炎症，促进组织再生，调节内分泌，改善血液循环状态，促进皮下组织血液循环，从而有利于防治皮肤病变、分解色斑、减少皱纹、消除粉刺、青春痘、皮炎、湿疹等。由于皮肤组织恢复了生理平衡与生机活力，使肌肤呈现自然美，细腻光洁、富有弹性。皮肤与内脏功能有密切关系，皮肤微循环障碍、营养不良、体内毒素、便秘等，都会敏感地反映在皮肤上，很容易使皮肤粗糙，出现褐斑、粉刺。服用蜂胶，不仅可以排出毒素、净化血液、改善微循环，还能阻止脂质过氧化，减少色素沉积，可使粉刺、褐斑在不知不觉中淡化消失。

许多因为胃病、高脂血症、糖尿病服用蜂胶制品的患者，在服用一段时间后，发现手上的褐斑明显减少、变淡，气色好转，以前比较粗糙的指甲也变得红润光滑。

外用蜂胶，可以防冻、防裂、杀菌、止痒、止痛、止血、抗感染、促进组织再生作用，达到营养滋润皮肤的目的。每天早晚，在化妆品中混入 1~2 滴蜂胶液，涂在脸上、手上，然后再进行适当的按摩，就可以发挥很好的美容效果。坚持使用一段时间，面部就会充满光泽、脸部斑点会逐步变淡；如果脸上有粉刺，可以很好地防止粉刺被细菌感染化脓，坚持涂抹几天，粉刺就会减少或消失。

在很多国家，止痒和去头皮屑的洗发液、护发素、发胶中加入了蜂胶提取液。

排出毒素

净化血液

改善微循环

阻止脂质过氧化

减少色素沉积

在回归自然追求天然的今天，通过内服、外用具有多种功效的蜂胶，能全面调整机体功能，是实现整体健康美的有效方法。

中国有句老话说"吃在脸上"。讲的是饮食营养与养颜美容的关系。美与魅力，来源于健康的身体内部。中医学认为，心华面、肺荣毛、脾荣唇、胃肠合则润色，讲的就是健全的器官组织功能与养颜美容的辩证关系。

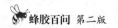

51 蜂胶真的有戒烟作用吗

吸烟危害健康，这是尽人皆知的常识。由于吸烟对人体多方面的危害，称其为"健康杀手"是再恰当不过了。由于吸烟对人体的危害是渐进的，不是突发性的，所以吸烟者与被动吸烟者，往往忽视其危害的严重性，这是十分危险的。

王振山研究员发现蜂胶具有戒烟作用，并开展大规模临床验证，统计结果表明：有效率达90%，且无任何不适感与戒断反应。

专家认为蜂胶戒烟机制有三：①蜂胶改善血液循环，净化血液，血液带氧能力增强，脑组织与心脏供氧充足，减少了对烟草的依赖性。②蜂胶可调节自主神经功能紊乱，增强自律效应，减弱条件反射，降低吸烟欲望。③蜂胶的独特口感，持久作用于口腔黏膜与舌部味蕾，使吸烟者淡薄吸烟享受感。

蜂胶戒烟作用的新发现，为吸烟者戒烟开辟了安全有效的新途径。

香烟燃烧所产生的煤焦油化合物是致癌的物质，而蜂胶却能够在很大程度上防止煤焦油化合物致癌。恶性肿瘤从婴儿到老年人都可能发生，愈是高龄，其危险性愈高。对于这种疾病，预防是上策。

尽管目前吸烟与肺癌之间的关系尚未明确，但吸烟的量愈高，患肺癌的危险性也愈高却是不争的事实。如果能够减少香烟中所含煤焦油化合物的摄取，或许能够使那些"老烟枪"摆脱癌症的纠缠。

可将蜂胶滴一滴在香烟滤嘴上，这时黄色的滤嘴会逐渐变成黄褐色。渗入滤嘴的蜂胶，会形成一层薄膜，对煤焦油有吸附作用。这样做，虽然香烟的味道会因加入蜂胶而有略微改变，但不会发生不适感。有一种说法，就是蜂胶内所含的黄酮类物质可以抑制进入体内的煤焦油化合物的活性而具有预防癌症的效果。但最根本的还是不吸烟或减少吸烟的量。

滴一滴在滤嘴上，可使焦油化合物的数量减半

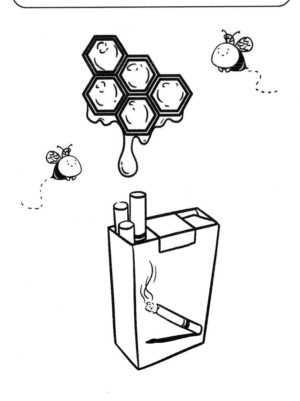

52 蜂胶对减肥有效果吗

　　人体营养物质的摄入与能量消耗处于相对平衡时，人的体重也相对正常和稳定。肥胖则是因为营养物质，特别是高热量食物：脂肪、糖类等的摄入量过多而运动量过小，能量消耗少所致。人体肥胖，除了形体变化外，还影响运动的灵活性和持久性。同时，肥胖与多种常见病都有关联，如脂肪肝、动脉粥样硬化、高血压、高脂血症、高血糖、代谢功能异常、性功能减退等。肥胖者常伴有脂肪代谢紊乱，脂肪的分解产物不能充分氧化代谢，转化为能量和二氧化碳及水，而是缩合成很多酮体，容易超过肝脏转化利用能力。

　　肥胖者常感体力不足、疲劳，是因为机体氧化代谢紊乱，物质交换效率低，从食物中摄取的营养物质不能及时转化为能量供机体利用，而是以脂肪的形式，在体内积累造成。

　　有些减肥药都以泻为主，虽然短期内体重下降，实质上减掉的大都是水分，并未增加脂肪消耗，所以停药后，体重必然反弹。因此，将多余的脂肪转化为能量，才是减肥的关键。

　　有研究显示，蜂胶总黄酮分子量小，代谢活性强，能被人体迅速吸收，顺利进入脂肪细胞组织，促进脂肪分解，优化细胞线粒体氧化磷酸化过程，提高脂肪代谢和能量转换效率，促使脂肪积累量减少，局部脂肪在氧化磷酸化过程中，分解成二氧化碳和水，在氧化过程中释放的能量，以高能化合物 ATP 的形式储存起来。再根据生命运动的需要，以多种形式实现能量的转移和利用。

脂肪的主要生理功能是氧化功能。人体所需热量有一半以上是由脂肪氧化代谢而来。断食后，能量的 85% 以上来自于脂肪氧化代谢。在长时间运动和饥饿时，肝外脂肪动员增加，其分解产物进入肝脏，经过糖原异生作用，转化为糖原，再分解为葡萄糖，维持血糖浓度，经氧化代谢，分解为二氧化碳和水，同时释放能量，供机体消耗利用。

肌肉组织蛋白的分解产物和肌肉运动产生的乳酸，也经过肝脏的糖原异生作用，转化为糖原，分解为葡萄糖，经氧化代谢，分解为二氧化碳和水，同时释放出能量。

使用蜂胶产品后，肝脏功能明显改善，有效调节脂肪氧化代谢过程，脂肪氧化代谢不充分而产生的酮体减少，高酮血和酮尿症状明显缓解。

蜂胶产品还具有双向调节食欲的作用，食欲不振或营养不良时，可增进食欲，改善消化系统吸收功能；食欲旺盛或营养过剩时，可抑制食欲，促进排泄，影响体内脂肪积累。

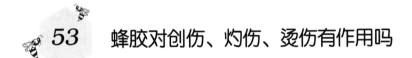

53 蜂胶对创伤、灼伤、烫伤有作用吗

蜂胶用来治疗创伤的历史悠久。据报道，在第二次世界大战期间因药品短缺，就有军队使用蜂胶软膏治疗创伤，获得相当好的疗效。

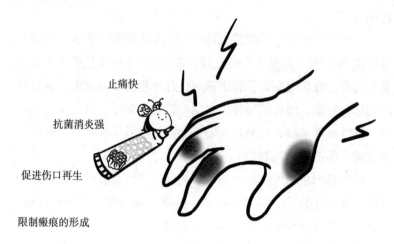

止痛快

抗菌消炎强

促进伤口再生

限制瘢痕的形成

由于蜂胶抗菌消炎作用强，止痛快，能促进伤口再生，限制瘢痕的形成，外用蜂胶软膏给患者做灼伤后肉芽创口自体皮成形手术，可使手术时间缩短，皮片成活率高。国外有报道，用蜂胶复方软膏治疗体表面积 75% 以内的灼伤，1000 余例患者，获得成功，其优点是不黏着患处，不损害肉芽生长，换药时去除容易，痛苦小，肉芽生长面平整，中等硬度，无渗出，不出血，分泌的脓液量少。

蜂胶对烫伤的作用也是可圈可点。有报道：一位司机朋友，不小心被已开锅的汽车水箱冲出的开水烫伤，造成左臂 II 度烫伤。他用蜂胶液加一些蜂蜜和芝麻油，混合后涂于创面，疼痛得到明显缓解。后经医治，痊愈后没有留下任何瘢痕。

《中华人民共和国药典》（2020 版）记载蜂胶"外治皮肤皲裂，烧烫伤"。

蜂胶的杀菌、麻醉能力、促进组织再生的能力，不仅可以防止感染、缓解疼痛、缩短疗程，而且不易留下瘢痕。

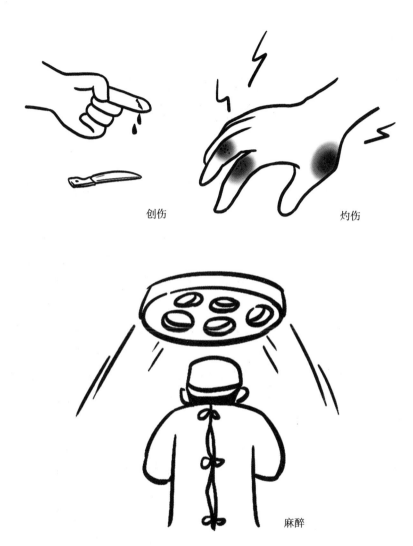

创伤

灼伤

麻醉

蜂胶的抗菌、消炎、抗氧化及局部麻醉等作用，在刀伤、创伤、烧伤、口腔疾病等方面都发挥很好的作用。

54 不知蜂胶对湿疹、皮炎，带状疱疹和皮肤瘙痒管用吗

　　蜂胶是治疗湿疹、皮炎的良药。有报道一综合医院曾用加有氧化锌油的蜂胶软膏对 680 名皮肤病患者进行了治疗。患者中包括湿疹 170 人、神经皮炎 312 人、营养不良溃疡 65 人、其他皮肤病 133 人。治疗进行了 1 个月，治愈率高达 90%，而且没有产生不良反应。尤其是一些溃疡患者，用蜂胶软膏涂抹治疗后，伤口完全治愈。

　　带状疱疹是由潜伏于体内的带状疱疹病毒引起的一种严重皮肤病。婴儿、儿童很少见，75% 以上的病例发生在 40 岁以上。

　　带状疱疹发病前往往伴有局部皮肤瘙痒、食欲不振、全身不适、轻度发烧等。发病后，常形成带状粟粒丘疹，并迅速变为水疱，对皮肤造成损害。

　　带状疱疹常出现肋间神经、三叉神经分布区，亦可见于颈、头、腹、四肢等部位。带状疱疹除了对皮肤造成损害外，神经痛是其另一重要特征。神经痛可放射到该神经支配的整个区域，而且是烧灼性、持续性疼痛，尤其是老年人，疼痛得难以忍受。

　　研究表明，蜂胶提取物对带状疱疹病毒有很强的杀灭作用，且可消炎、止痛。用蜂胶口服、外涂治疗带状疱疹，疗程短，见效快，效果十分理想。用蜂胶内服法治疗带状疱疹患者 37 例，服用当日出现明显止痛作用，经 3~12 天临床治愈。用蜂胶乙醇溶液外用治疗带状疱疹患者 21 例，用药 48 小时后止痛，19 例

疱疹消失无复发，2例疱疹复发。

　　皮肤瘙痒也是一种常见的疾病，多发生在中老年人。其特点是瘙痒多从小腿开始（常被称为"下肢瘙痒症"），然后逐渐向上延伸，直至全身。瘙痒呈阵发性发作，忙时轻，闲时痒，越挠越痒，昼轻夜重，影响入睡。

　　由于蜂胶的麻醉、消炎、杀菌等作用，在治疗皮肤瘙痒上能够发挥很好的作用。一般的皮肤瘙痒，只要在瘙痒部位涂抹几滴蜂胶液，便可起到立竿见影的作用。如果皮肤被挠破，在伤口处涂一些蜂胶，短期即能愈合。

　　如果是全身性皮肤瘙痒，也可以在盆浴时，在水中加入适量的蜂胶液，然后在水中多浸泡一些时间，同样能起到很好的效果。

　　如果是由于肝病、肾病、甲状腺疾病、血液病等引起的瘙痒，最好配合口服蜂胶，从体内进行治疗，随着原发病情的好转，瘙痒即可缓解消失。

55　蜂胶对其他皮肤病的效果如何

　　（1）痤疮，俗称粉刺、青春痘。曾任国际蜂疗研究会会长的房柱教授，用蜂胶片给痤疮患者服用，疗效显著，患者面部皮肤亮丽有光泽。中国农业科学院蜜蜂研究所史满田等用蜂胶健肤液治疗痤疮340例，总有效率93%，许多患者涂抹1周即可见效。

　　（2）寻常疣、跖疣、扁平疣、带状疱疹等病毒性皮肤病。房柱教授用蜂胶贴敷治疗寻常疣、跖疣获得成功。用蜂胶软膏治疗

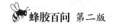

扁平疣患者 72 例获得很好的效果，治愈 68 例。用蜂胶内服法治疗带状疱疹患者 37 例，服用后，当日即出现明显的止痛作用。

（3）体癣、股癣、手足癣、发癣、须癣及皮肤念珠菌病等霉菌病。房柱教授用蜂胶酊治疗体癣、手足癣和皮肤念珠菌病，并用超声波导入法治疗手足癣皲裂均获得成功。用 50% 蜂胶软膏治疗 300 例脚癣患者，用药 3~6 次，100% 治愈。用蜂胶膏治疗发癣和须癣 110 例，4~15 天全部患者获效。

（4）银屑病。蜂胶治疗银屑病不论是口服或外涂都有良好的疗效。房柱教授用蜂胶通过口服治疗寻常型银屑病 160 例，总有效率 70%。史杰山等采用蜂胶或蜂胶软膏、蜂胶丸外涂或内服治疗寻常型银屑病 148 例，总有效率占 97.3%。

56 蜂胶对脚气病有作用吗

脚气病，又称脚湿气、香港脚、运动员脚。它是全球性广泛流行的一种疾病。在气候温暖潮湿的热带亚热带地区尤其高发。我国南方部分地区的发病率可达 50%~60%。

脚气病为什么又被称作"香港脚"呢？这还有一个小故事。18 世纪北欧侵略者坐船到香港后不久，许多士兵的脚开始发痒，脚趾之间糜烂、渗液、脱屑，并很快在士兵之间流行开来。由于这种病在天气寒冷的北欧很少见，以至于随队医生并不认识它。因为它在香港流行，就把它叫"香港脚"。

中医学把脚气病称作"臭田螺""田螺疱"等。《医宗金鉴》记载："臭田螺疱最难缠，脚丫瘙痒起，搓破皮烂腥水臭，治宜清热渗湿痊。"脚气病是由一类真菌引起的表皮、毛发和指（趾）甲的浅部真菌病。而足癣则是由浅部致病真菌感染足部皮肤所引起的一种慢性传染疾病。

真菌的传染往往是由不良卫生习惯引起的。脚部皮肤和身体其他部位的皮肤一样，每天都在不停地新陈代谢，随时都会有皮屑脱落。皮屑中真菌很多，皮屑落在哪里，真菌就到哪里。真菌可以通过共用的盆、毛巾、拖鞋等物品传染。患者的手或脚接触的物品，别人再接触时也会传染上真菌病。家庭成员，尤其抵抗力较弱的老人和孩子更容易成为受害者。

对于脚气病首先要预防，注意做到：①及时彻底治疗手足癣（脚气病）、甲真菌病（灰指甲）和体股癣等皮肤疾病，以免疾病进一步恶化和传染。②保持足部清洁、凉爽和干燥。③洗澡或洗脚时尽量用淋浴方式。④避免使用碱性肥皂。⑤避免环境潮湿阴暗。⑥避免长期穿不透气的鞋子。⑦穿的鞋要大小合适，不宜太紧，减少生物机械刺激和对足趾的创伤。⑧避免光脚走在地毯、浴室地板上。⑨不要用同一把指甲刀去修剪正常甲和患甲。⑩定期对家庭环境及患者用品进行消毒。

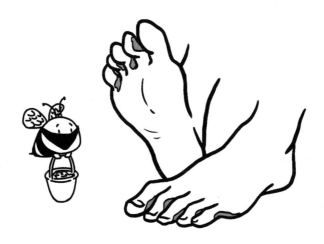

患了脚气病，应及时到医院诊治。除了一些治疗脚气病的药物之外，实际应用表明，蜂胶具有抗真菌作用，治疗脚气病有效。一般较轻的脚气病，在患部滴上几滴蜂胶液，或用蜂胶气雾剂喷一下患处，两三天即可见效。

57 听说蜂胶可以治鸡眼，怎么样使用

鸡眼多见于足掌和趾侧，是由于局部长期受压、摩擦或刺入异物等，使皮肤角质层增生并侵入真皮而形成。鸡眼像一个小小的圆锥，尖端向内长，压迫真皮的末梢神经，走路时使人疼痛不适。

早在20世纪50年代，我国的养蜂工作者就已发现蜂胶可以治疗鸡眼。治疗时先把脚用热水浸泡、洗净，再用5%~10%的水杨酸清洗患处（可以增强去角质作用），然后取比病变范围稍大的蜂胶敷于患处，用胶布固定即可。温度低时，蜂胶会变硬，使用时稍微加温即可软化，然后再贴于患处。

一般情况下，贴药7天左右，鸡眼就会脱落。脱落后，还需再贴一次蜂胶巩固疗效。

房柱教授用新采集的蜂胶做成小饼状紧贴患处，治疗90例患者，痊愈68个，好转9个，中断治疗和无效的13个。试验表明，用蜂胶膏外用治疗掌跖角化症无腐蚀性，能止痛，安全、方便。7天后还没有脱落的患者，可以继续重复治疗，一般治愈率在80%以上。

58　蜂胶对消除胆结石有没有效果

　　蜂胶对消除胆结石有没有效果？我国在这方面的专门临床试验报道尚不多见。刘富海副研究员等观察到 8 例胆结石患者，服用蜂胶后病情好转。蜂胶为什么能在治疗胆结石方面有一定作用，很值得进一步研究。

　　不过，国外有关于蜂胶治疗胆结石的报道，可供参考。

　　日本医学博士濑长良三郎报道，日本神奈川县的高田守先生在菲律宾出差，因身体不适到医院检查，结果发现胆结石与肝炎并发，很危险，只好住院准备做手术。此前，他曾得知蜂胶的好处，并随身携带一些蜂胶。他想服用蜂胶可能会对治病有帮助，于是加大剂量服用蜂胶。由于强烈地想回到家乡治疗，他放弃了在菲律宾的手术，回到日本住进东京大学医院。令人惊讶的是，在东京大学医院做的检查结果与他在菲律宾医院做的检查结果不一样，胆结石已经变得非常小了。东京大学医院的医生认为高田守先生病情好转，不需要动手术。后来高先生坚持每日服用蜂胶，身体状况保持得很好。

59 蜂胶对减轻放疗、化疗的副作用有效果吗

蜂胶提取物可以减小因辐射引起的副作用，用于接受放疗的患者，可减少肿瘤转移和复发的可能性。临床证明蜂胶能明显减轻放疗引起的各种不良反应，如强烈恶心、呕吐、脱发、白细胞恢复缓慢、虚弱、肝功指标严重超标等。

研究表明，蜂胶水提取物对 2Gy 和 6Gy 的 γ-射线照射小鼠而诱导的损伤有保护作用。当动物用离子射线照射后，血清酸性磷酸酶活性升高，血液中的丙二醛浓度和超氧化物歧化酶活性显著上升。在辐照前给动物饲喂蜂胶水提取物后，血液中的丙二醛浓度显著下降，血清酸性磷酸酶活性变正常，蜂胶水提取物还刺激超氧化物歧化酶释放。研究结果表明，蜂胶水提取物对 γ-射线诱导的癌变反应有保护作用。

我们曾给一位乳腺癌患者和一位白血病患者食用蜂胶。乳腺癌患者在做放疗期间，减轻了放疗所带来的不良反应，保持了较好的食欲和睡眠。另一位白血病患者在同病房几位白血病患者中，同样接受放疗，他却比其他人精神好，食欲好、睡眠好。蜂胶虽不能根治白血病，但对减轻放疗带来的痛苦，延长存活期还是有一定作用的。

60 蜂胶能否预防脱发和治疗秃顶

有专家治疗 50 位脱发患者，约 37% 患者为部分性脱毛（圆形脱毛症），54% 患者是范围较广的，90% 为全秃。使用含蜂胶 30% 的软膏和蜂胶抽出液进行治疗。治疗的方法是每天用软膏和抽出液在患者头上大量摩擦，并注意饮食和适量运动。持续治疗 1~5 年的患者，共有 82% 产生效果。

每天用软膏和抽出液
在患者头上大量摩擦

注意饮食

做体操

　　某些患者在开始治疗 2~3 周以后，就开始长头发，另有一些患者在持续治疗 1~6 个月以后，开始长头发。

　　圆形脱毛症是精神压力所引起的疾病，很难治愈。因此，能达到 82% 的治愈率已是非常难得的效果。

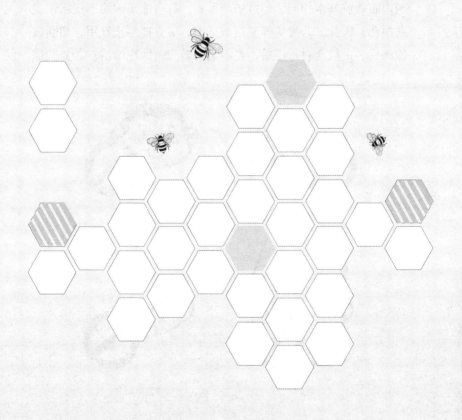

第三部分
蜂胶的消费常识

61 哪些人不宜食用蜂胶

蜂胶中含有一些致过敏物质，少数过敏体质者食用蜂胶后，可能会引起过敏反应。蜂胶过敏反应的症状主要是皮肤性反应，一般会在腋窝、手臂、前胸等处发生局部瘙痒，出现红色密集型皮疹。蜂胶外用的过敏概率要大于食用的过敏概率，其过敏症状与内服蜂胶基本相同。但过敏严重者，有可能出现局部皮损性皮肤损伤。因此，若发生蜂胶过敏反应，应立即停止服用，切断致敏源后，一般会自行痊愈，若不见好转应请医生诊治。若要知道

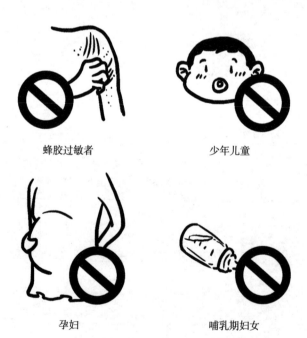

蜂胶过敏者   少年儿童

孕妇   哺乳期妇女

自己是否对蜂胶过敏，可先将蜂胶液或蜂胶软胶囊中的内容物滴于耳后、手臂处 12~24 小时，观察皮肤有无红肿，若无过敏反应则可放心食用，反之则不宜内服或外用蜂胶。

其次，蜂胶类保健食品说明书上都标示有不适宜人群：少年儿童、孕妇、哺乳期妇女。具体什么原因，尚无确切报道。很可能是因为蜂胶中的某些成分会影响少年儿童，尤其是婴幼儿正常协调的生长发育机制，因此，不满 12 岁不宜过早食用蜂胶类产品，孕妇也不宜食用。蜂胶中的某些成分可能会引起宫缩，对胎儿正常发育产生影响。

62 为什么有人吃了蜂胶保健食品感觉没有什么效果

有的人吃了蜂胶保健食品感觉没有什么效果，这种情况首先要确定所购买的蜂胶保健食品的真实性。如果所购买的是用假蜂胶，或者掺假蜂胶做原料的产品，那为什么没有什么效果就可想而知了。

其次要考虑量效关系的问题，如果吃的量不高，效果自然不会明显。如果身体出现一些症状时间较长，症状又比较严重，可以适当加量。以蜂胶软胶囊为例，可由产品说明书推荐的一般日食用量每次 3 粒，每日 2 次；增加到每次 3 粒，每日 3 次，效果应该有所改善。

还有一个重要原因，就是要客观地对待产品的有效率问题。某具有辅助降血糖保健功能的蜂胶软胶囊，在指定医院进行试食实验的结果是：试食 1 个月，降血糖的有效率为 68%；试验食用 2 个月，有效率可达 92%。即使如此，仍有 8% 的患者感觉食用后没有什么效果，这应该是正常的。出现这种情况，一方面可以继续食用，一方面可适当增加食用量，随着使用时间的延长，就会有效。即使被排除在有效率之外的人，蜂胶产品对身体的综合状态也能有效改善。

63 怎样服用蜂胶效果才好呢

这需要把握好有效的服用方法和用量。随着个人疾病和体质的不同而有所差异，并没有一定的服用准则。

例如蜂胶液，有的人一次 3~4 滴，每天 3 次就出现了效果。这和个人的体质（热度高低、肠胃消化能力、皮肤的健康状况）有很大的关系，这就像中医辨证治疗需要视个人体质的差异，而下不同的药方。比较可行的方法是先少量服用，以后再逐渐增加用量。服用蜂胶可用干净的杯子，滴 1~2 滴蜂胶液到其中，再加入温水。如果有白浊出现，或者水面有油脂状的薄膜浮起，不必担心，这都是蜂胶所含成分引起的正常状况。

至于正确的使用量，则要视身体好转的程度而定。若是服用固定的量，7~10 天之后没有任何改善的话，则可以考虑增加服用量。可按说明书的推荐用量每天增加 1/3 到 1/2 的用量，再连续服用一段时期看看。

64 蜂胶的服用时间和次数应如何决定

蜂胶服用的时间和次数应如何决定，须视个人状况的不同而有所改变，不能一概而论。

例如用蜂胶来治疗感冒。感冒分为普通型感冒和流行性感冒两种，这两种感冒的病毒潜伏期、发病的方式、发病的症状、是否发热等，有很大的不同。流行性感冒是由病毒所引起，在咽喉、鼻腔都会有病原体的踪迹，这是它和普通型感冒不相同的地方之一。

由于蜂胶的抗菌、抗病毒作用，因此治疗流行性感冒的效果较好，对普通感冒的效果就比较不明显。不过蜂胶对于生病中的人仍有促进食欲、恢复体力、提高身体抵抗力的功效，因此对于疾病的痊愈仍是有助益的。

至于服用的次数，一般来说早上起床和晚上就寝前各服用一次比较普遍，通常用于身体保健。有人在中午加服一次，如果是身体不适加量服用是很有必要的。

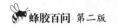

65 疾病治愈后可以马上停止服用蜂胶吗

在身体康复后最好不要立即停止服用蜂胶，继续服用 1~2 周后，再逐渐减少用量。

服用蜂胶，可以增加身体对疾病的抵抗力。蜂胶作为保健食品，它的综合作用强，且无毒副作用。有的人身体健康，但想日常保健，服用蜂胶 1 个月左右，可能会出现一些反应，比如感到疲劳，排便量增加且颜色发黑，脸上出现红色的斑点等。蜂胶研究中心的专家认为这都是一些好的反应，应该继续服用。有人会因为没有什么大的病痛自认为身体十分健康，其实有些潜伏的病因或是身体内的问题在短时间内无法被察觉。作为预防，服用蜂胶也能使身体更加健壮，抵抗力得到增强。

66 选购蜂胶产品要看生产者和经营者的哪些资质

选择蜂胶产品，要注意生产企业的资质。一定要选择生产经营证照齐全，具备合格的生产技术和卫生条件的企业才可靠。

生产蜂胶产品的企业，应通过 ISO9001 质量管理体系认证、

HACCP 食品安全体系认证和保健食品 GMP 认证，同时具有蜂胶产品的专项卫生许可证。一般这样的企业生产经营的蜂胶产品质量有保证，售后服务有保障。

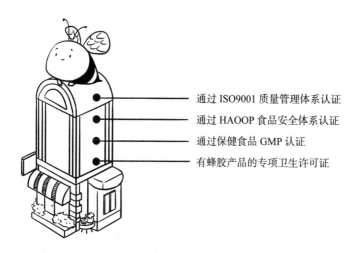

通过 ISO9001 质量管理体系认证

通过 HAOOP 食品安全体系认证

通过保健食品 GMP 认证

有蜂胶产品的专项卫生许可证

　　选购蜂胶产品要注意产品的生产日期和保质期，不要购买过期产品。还要注意查看包装上标注的产品功效成分含量，相同剂型产品功效成分含量高的，保健功效会更好。蜂胶产品中功效成分（或标志性成分）含量，是产品定价的依据。功效成分含量高的产品，销售价格会高一些。无论是从量效关系，还是从效价关系来衡量，消费者都应理智地选购功效成分高的蜂胶产品。还要注意生产厂家的详细地址、网址、传真和电话，以便查询。

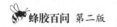

67 养蜂人生产的蜂胶原料能不能食用

养蜂人生产的蜂胶原料不能食用。因为，在蜂胶生产过程中，有很多污染机会，蜂胶原料中的杂质需要分离去除，尤其是蜂胶原料中的重金属一般含量都很高，必须将其分离除掉后才能食用。

有些商贩向消费者兜售未经处理的蜂胶原料，让消费者直接食用或让消费者用白酒浸泡后食用，这种做法是非常危险的。

铅是一种多亲和性毒物，在体内具有蓄积性，不易排出体外，铅对各组织有毒性作用，主要损害神经系统、造血系统、消化系统和肾脏，同时还损害人体免疫系统，使机体抵抗力下降。

蜂胶每1千克原料中的铅含量高达几十毫克，如果没有经过严格处理，蜂胶是不能食用的。

68 为什么有人会对蜂胶过敏，怎样预防蜂胶过敏

蜂胶内服可导致皮疹，外用可造成皮损。必须高度重视蜂胶会导致部分人群产生过敏性反应的问题。

究竟服用多大剂量蜂胶，服用多长时间致敏；内服与外用的过

敏反应症状到底如何，尚无可靠数据。因此，在研发蜂胶产品时，应取得可靠试验数据，以在配方设计时妥善处理好蜂胶的致过敏问题。

由于动物试验难以得到直接的、可感性的结果，做人体试验又存在许多条件限制，故吕先生亲自内服、外用蜂胶，进行过敏反应及症状试验，获得了最直接的第一手资料。

试验材料：含提纯蜂胶成分的制品样品和蜂胶提取物的外用软膏。试验方法：内服、外用。试验结果：内服可导致皮疹，外用可造成皮损。

开始时，每日内服 0.25g 提纯蜂胶粉（含 25% 提纯蜂胶粉的制品样品），逐日增量至每日 1g 时，皮肤、腋窝、手臂、前胸等处发生瘙痒，继而出现红色密集型皮疹斑块；此时服用抗过敏药物试图抑制过敏反应，无效；遂逐日减量至停服蜂胶。

通过观察，发现每日服用量在 0.75g 以下时，未出现明显过敏反应；当服用量增至 1g 时，即出现上述过敏反应；在服用抗过敏药物无效的情况下减量服用蜂胶，但服用量低于每日 0.75g 时，过敏反应并未消退，直到完全停服蜂胶后约一周，过敏反应才逐渐消退。

试验证明：超过一定服用量，蜂胶确实会引起部分过敏性体质的人群产生过敏反应。

内服蜂胶过敏反应的症状主要是皮肤性反应；

一旦发生过敏性反应，一般抗过敏药物难以抑制；

已经发生了过敏性反应，即使再减量服用，症状亦难消退，除非完全停止服用。

据此次试验结果，调整每日摄入蜂胶量不超过 0.75g。

2001 年 9 月，吕先生连续 10 日服用含蜂胶固形物 3% 的液体产品，当摄入蜂胶总量达到 1g 时，皮肤、腋窝、手臂内侧及额头出现类似痱子样的密集皮疹；恰好正在研制一种外用蜂胶软膏，遂在额头一皮疹斑块处涂抹该软膏，第二天，涂抹蜂胶软膏处沿皮疹中心向外延扩散出现丘状红肿，患处发热，并引发耳根向下出现淋巴结肿大，体温略有升高。此后涂抹皮炎平等软膏，内服抗过敏药物，均无效。额头皮肤红肿持续约 2 周，中心部位溃烂处出现结痂，但痂呈黑色，痂面与皮肤相平，不脱落；又持续约 2 周，皮肤红肿逐渐消退，痂面干硬带韧性，手指抠出痂块后，发现皮下软组织已严重受损，出现明显皮损性不规则凹陷瘢痕，由此推断：

已经有蜂胶过敏史的人，如再服用蜂胶，其导致发生过敏性反应的剂量已大幅度降低。

对内服蜂胶过敏的人，外用蜂胶同样会引起皮肤过敏反应，会严重损害皮下组织。笔者皮损较为严重，可能是既内服又外用，"内外夹击"所致。但可以肯定，蜂胶所引起的皮肤过敏反应，严重时会造成皮损性伤害，形成不规则瘢痕，可能会造成终生遗憾的后果。

综合以上试验结果，可以认为：

在研制含有蜂胶成分的制品时，必须高度重视蜂胶会导致部分人群产生过敏性反应的问题。

不能试图只从控制蜂胶摄入量上解决过敏问题，因易过敏人群个体差异，难以一次性规定带有普遍意义的摄入量。

应加强对蜂胶脱敏技术的深入研究，进行蜂胶所致过敏物质的分析定性，寻找有针对性的、有效的脱敏方法。

在有效的蜂胶脱敏技术未成熟的情况下，应对所有内服外用的蜂胶产品，在产品标签和说明书中标明："过敏性体质者慎用""有蜂胶过敏史者禁用""服用（外用）本产品，如有过敏反应者请停用"等明示，以提醒消费者。

那么，怎样预防蜂胶过敏呢？

初次外用蜂胶要进行皮试：即取少量蜂胶产品，涂于手腕内侧或耳根后部，如在 24 小时内发生红肿、烧灼感或痒感等过敏反应，应停止使用。一般外用蜂胶有过敏反应者也不宜内服蜂胶。为安全起见，首次服用蜂胶者，应从极少量开始，逐渐增加至常用量，以服用蜂胶软胶囊为例，开始每次服用 1 粒，如无过敏反应，可增加到每次 2~3 粒，每日 2~3 次。一旦出现过敏反应，应立即停用。一般脱离致敏源 3~7 天的时间，过敏症状会逐渐消失。

69 为什么说蜂胶是"紫色黄金"

将蜂胶称之为"紫色黄金"，只是说明全世界的蜂胶产量比黄金还少，只是表示物以稀为贵的意思。

据统计，2019 年全世界的黄金产量约 3200 吨，而全世界蜂胶提取物的产量只有约 350 吨，全世界蜂胶提取物的产量只是黄金年产量的 10%；我国黄金年产量约 450 吨，而蜂胶提取物的产量只约 200 吨，也不过是黄金产量的 45%。所以说，蜂胶是非常珍稀宝贵的资源。

至于将蜂胶从颜色上比作"紫色黄金"是不确切的。蜂胶到底是什么颜色呢？其实蜂胶原料的颜色呈多样性，常见的有棕黄色、棕红色、褐色、黄褐色、灰褐色、青绿色、灰黑色等，未见到"紫色"的蜂胶，不论蜂胶原料的颜色如何，其提取物的颜色

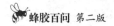

均为棕褐色。

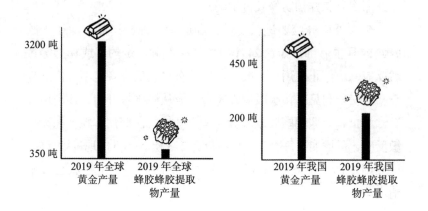

 70 什么叫好转反应，怎样区别蜂胶过敏与好转反应

　　人群对蜂胶过敏的概率较低，绝大部分服用者不会产生过敏反应。只要在服用蜂胶之前做简单测试（将蜂胶涂抹在皮肤某部位 12 小时，观察是否有过敏症状）即可避免发生过敏反应。

　　但仍有一些服用蜂胶者会产生与过敏反应类似的症状。出现反应的部位最多的是在皮肤上，最主要的症状是湿疹、疣和红肿。事实上，这常常会是某些蜂胶使用者出现的"好转反应"。临床资料证实，好转反应是某些疾病痊愈之前暂时出现的症状，包括前面所说的类似过敏的症状，这在医药治疗中也时有发生。通常药效愈佳者反应愈强烈。这是因为在药物作用下，人体内某些毒素被排出体外而发生的一种过渡性反应，而非病情恶化或过敏反应。因此，如果将这种好转反应误认为是过敏反应而不敢再使用蜂胶，可能会错失蜂胶的妙用。

那么，怎样区别蜂胶过敏与好转反应呢？首先，好转反应除了有类似过敏反应的某些症状之外，还有更为复杂的表现，如在眼部可能出现流泪、发痒，充血，眼球深处疼痛；鼻子可能出现类似感冒时发生的流鼻涕、鼻塞；也有的会出现嘴唇浮肿，口腔发炎；还有的会持续性的出现头皮屑；甚至也有人身体或面部出现浮肿。

因此，区别蜂胶过敏与好转反应需要做全面观察，而不应轻易下结论。

另外，服用蜂胶后，应注意观察是否出现排便量增加且颜色变黑；是否在一段时间内感到比较疲倦。如果这些情形同时出现，应是好转反应的结果。

过敏反应与好转反应出现的时间也有所不同。一般来说，过敏反应来得较快，皮试24小时之内，服用1周之内便可出现过敏反应。而好转反应通常是在服用蜂胶1周之后，有的则要2~3周以后才出现，大体出现时间为1个月左右。好转反应的出现表明蜂胶的功效已经显现出来，这正是病愈的前兆。其实，服用蜂王浆也会出现这种好转反应。

临床发现，好转反应会因个人体质、年龄、性别而有所差异。男性大多是在腰部和臀部出现红色斑点；女性则是脸颊出现湿疹和面疱。

当然，好转反应出现的程度也会因人而异。哪些人比较容易出现好转反应呢？研究认为，新陈代谢失调造成体内毒素不能正常排出者，便秘患者，肝、肾功能衰弱者，长期服用止痛剂或合成药物者，服用蜂胶时容易出现好转反应。

如何对待好转反应？如果按以上所说能够判断出是过敏反应

还是好转反应的话，则应分别对待。判断为过敏反应时，应逐减服用量或完全停服蜂胶，直至过敏症状消失；也可同时服用抗过敏药物，抑制过敏反应发生。

判断为好转反应时，对其产生的症状不必有太多的担忧，可酌情减少服用量，使反应程度降低到可以忍受即可，也可服用一些对症的中药缓解其症状。好转反应持续一段时间后，随着病愈会自然减轻或消失。如果对区别过敏反应还是好转反应把握不准，最好通过医生诊断鉴别。

71 口服蜂胶液是醇溶的好还是水溶的好

目前，市场上流通的蜂胶液制品有两类，一类是以水为载体的，即所谓水溶性蜂胶液；另一类是以乙醇为载体的，即所谓醇溶蜂胶液。实际上它们大都来源于蜂胶提取膏。即收购来的毛胶，除去蜂蜡，用乙醇浸提，经过滤除杂质，减压浓缩，回收乙醇而得到的纯蜂胶固形物。用这种蜂胶固形物，采用非乙醇溶剂（或少量乙醇与其他溶剂混合），通过乳化等方法处理的，即为水溶性蜂胶液；以乙醇溶解的，即为蜂胶乙醇溶液（也有将收购来的毛胶用乙醇渗漉或浸提，直接得到蜂胶乙醇溶液，但较难控制其含量的准确性）。因此，不管是水溶还是醇溶，既然都来自于同样的蜂胶原料，当然效果基本是一样的。

由于溶解蜂胶浸膏溶剂的极性不同，使水溶和醇（酒）溶的蜂胶液各有特点。

　　一般来说，由于蜂胶中大部分是脂溶性物质，所以醇溶蜂胶液中蜂胶的成分溶解得比较完全，使用75％的乙醇溶出效果较为理想。但有人难以接受乙醇的刺激或对乙醇过敏；而且，醇溶蜂胶液滴在水中易飘浮和粘壁，服用时有些不便。但如果是皮肤破伤，用蜂胶乙醇溶液要比水溶液效果好，因为乙醇也有抑菌作用。对难以接受乙醇的人来说，水溶性蜂胶液比醇溶蜂胶液具有无刺激，口感较好的特点。

醇溶蜂胶液

水溶性蜂胶液

皮肤破伤时建议使用　　　　　　　　　难以接受乙醇的人建议使用

　　需要指出的是，使用乙醇作溶剂一定要使用药用或食用乙醇而不能使用工业乙醇。工业乙醇含有的甲醇对人体有危害。

72 乙醇提取的蜂胶和水溶性蜂胶到底有什么不同

因为水溶、醇溶是来自于同一胶源，所以效果基本是一样的。

要比较两种蜂胶液的不同点就是水与乙醇的比较。虽然两种蜂胶液有同样效果，但它们发挥着各自的特点。如果是口服，那么水溶性蜂胶就比醇溶蜂胶优秀。①乙醇易使人过敏。②乙醇有刺激性，对皮肤破损处易产生刺痛；③有胃肠疾病的人，不宜受乙醇刺激；④肝炎患者，肝排毒功能差，即使少量乙醇也不利于排毒。

73 到底什么样的蜂胶产品质量好，怎样鉴别

口服蜂胶产品的生产厂家和品牌较多，但不管是什么样的蜂胶产品，最关键的还是要看服用的效果如何，服用效果好，又没有什么副作用，符合相关标准（按规定的程序制定、评审并报质量技术监督部门备案）的产品质量即应为合格的产品。值得提醒的是，一定要选择各种生产经营证照齐全，具备合格的生产、技

术、卫生条件，有相关技术力量的正规生产经营或科研单位的产品较为可靠。

由于蜂胶来自不同产地、不同树种、不同季节，即使是同一厂家的产品，不同生产批次的产品也会有一些质量差异。目前一般是以蜂胶固形物含量、总黄酮和重金属铅的含量作为产品的主要技术指标。笔者认为，蜂胶产品中总黄酮的含量应不低于其蜂胶固形物含量的20%，如果达到25%左右，质量为优。

从2009年至今，主要以GB/T 24283-2018《蜂胶》国家标准中的360nm检测方法为主。

74　有没有不加入乳化剂的真正的水溶蜂胶液

这确实是一个要搞清楚的问题。水溶性蜂胶液，其实只是通过使用乳化剂，使一种液体分散在另一种不溶性的液体中，形成高度分散体系的乳状液而已，而非蜂胶的水提取物，水溶蜂胶液是消费者习惯的提法。真正的水溶蜂胶液应是指以水作为主要溶剂，从毛胶中提取蜂胶固形物，严格地说，应称其为水提蜂胶液。一个"水溶"，一个"水提"，意义不同。

蜂胶难溶于水。如果单纯地用水提取蜂胶，其大量的脂溶性的成分自然不会被提出，尽管经过一些处理可增加其水溶性，但这样的提取物绝非真正意义上的蜂胶。实验证明，以水作为主要溶剂时，往往要通过加入碳酸钠、氢氧化钠等以增加蜂胶的溶解度。这样做有很大缺陷，其一，蜂胶浸出率较低，造成资源浪费；如将沉淀物二次利用，必然极大地影响产品质量。其二，提取过程中往往需要高温，容易破坏蜂胶中某些成分的活性。其三，提取液的 pH 呈碱性，影响蜂胶的稳定性和人体的吸收。其四，易造成人体摄入较多的钠，对心脏产生不良影响。

但这并不表明绝对生产不出合格的水提蜂胶并将其制成口服蜂胶液。这需要经过对提取液进行一系列的技术处理，并克服由此产生的 pH 高、液体分层、沉淀，调整浓度等问题。

我们发现，有的厂家用碱液溶解蜂胶，其所谓的水溶蜂胶液的 pH 高达 10 以上。辨别是否是用碱液溶解的蜂胶液，可用石蕊试纸检测，或在蜂胶液中滴入醋等酸性物质，如出现泡沫反应，很可能是厂家用碳酸钠作助溶剂，中和反应时产生二氧化碳以及盐和水。如用氢氧化钠作助溶剂溶解的蜂胶液，在中和时虽无泡沫，也产生盐和水，口感有咸味，氢氧化钠碱性很大，不宜使用。用碱液溶解蜂胶，在工艺不成熟时不能盲目采用。由于这种产品的生产成本很低，很具诱惑力，所以经营者进货和消费者购买时应注意鉴别。

市场上的一些水溶蜂胶液、蜂胶软胶囊等蜂胶制品往往是通过使用乳化剂使蜂胶达到水溶的目的。乳化剂是药品、食品和日化用品中常用的添加剂。但是，乳化剂并不是可以随意使用的。首先要了解被乳化物质的物理化学性质，根据其水溶与脂溶性的平衡点，来选择表面活性剂（HLB 值）合适的乳化剂；若没有适用的乳化剂，需配制成 HLB 值合适的复合乳化剂，以达到使用最小量的乳化剂而取得最佳的乳化效果。其次，要充分考虑到所使用的乳化剂的安全性，即有无毒性和限量要求。

蜂胶中绝大部分是脂溶性物质，要想将其制成水溶性制品，可以通过乳化的办法。但问题是，迄今为止尚无完全适用的单一乳化剂。在这种情况下，往往选择 HLB 值接近的乳化剂而造成超限量使用。常用的有聚山梨酯（吐温类）与失水山梨醇酯脂肪酸酯（司盘类），聚山梨酯性状为淡黄色至橙黄色的黏稠液体；微有特臭，味微苦略涩，有温热感。HLB 值：15.0；pH：5.0~8.0；相对密度（比重）1.06~1.09。试验证明，要使蜂胶能较好地在水中分散，聚山梨酯 80 的用量需要在制品总量的 5% 以上。蜂胶含量越高，其用量越高，有的高达 10% 以上，还有的为了追求水溶效果，除蜂胶外，几乎完全用聚山梨酯 80 作溶剂。这些做法具有很大的危险性。这是因为：

第一，聚山梨酯 80 是一种亲水性的表面活性剂，具有很强的破裂细胞膜的作用而引起刺激性，溶血性和组胺释放（致敏性）。聚山梨酯 80 作为一个聚合物本身纯度波动极大，高纯度的聚山梨酯 80 是无色透明的，而大多数聚山梨酯 80 产品则是微黄到棕色，含有大量杂质或降解产品。聚山梨酯 80 中的亲脂成分包括不饱和脂肪酸，这些不饱和脂肪酸十分容易氧化降解而产生更多的有毒成分，由此而产生的毒性和不良反应将会超过产品本身带来的益处。医学界证实，聚山梨酯 80 用于注射剂，会引起过敏反应，包括休克、呼吸困难、低血压、血管性水肿、风疹等症状。这些不良反应在临床上有时表现十分严重，有死亡报道。因此，聚山梨酯 80 是一种有严格限制条件的，有潜在不安全性的辅料，使用不当会对人的健康造成很大影响。

第二，鉴于以上情况，有关标准都对聚山梨酯 80 的安全使用限量做出了规定。在一般药品制备中，根据药品的服用量，聚山梨酯 80 允许用量为 0.5%~5%。以服用量与水溶蜂胶液近似的鱼肝油乳剂为例，聚山梨酯 80 的用量仅为 2%；而注射剂的聚山梨酯 80 用量限制在 $100\mu g/mL$。《食品添加剂使用卫生标准》（GB 2760-1996）中规定，聚山梨酯 80 在雪糕、冰淇淋中的限量为 1‰，在牛乳中的限量为 1.5‰。《绿色食品食品添加剂使用准则》（NY/T392-2000）明确规定，聚山梨酯80和失水山梨醇酯脂肪酸酯80是生产绿色食品禁止使用的食品添加剂。

综上笔者认为，加工蜂胶制品要慎用乳化剂。所谓慎用，即首先可用，但一定要保证其安全性，按《食品添加剂卫生管理办法》的规定，所选用的乳化剂必须是列入《食品添加剂使用卫生标准》或公告名单中的品种和使用范围。蜂胶未列入其使用范围，因此，应按需要扩大使用范围或使用量的规定，须由省级以上卫生行政部门认定的检验机构出具的毒理学安全性评价报告和连续三批产品的卫生学检验报告，确认无毒性和不良反应，且符合卫生标准后方可准入市场。其次，应加强科学研究，使用其他无毒性和不良反应的溶剂，或配制无毒性和不良反应的复合乳化剂，以保证产品的安全性。

75 为什么有的蜂胶液颜色深，有的颜色偏浅，什么颜色才是正常的，是否颜色越黑越好

蜂胶的基本颜色为棕黄色、棕红色。由于蜂胶来自不同产地、不同树种、不同季节和其溶液的不同浓度，其提取物和溶液的颜色有偏深或偏浅的差异。一般来说，好的蜂胶溶液，其颜色为棕栗色、深棕色，无论其颜色略深还是略浅，将其从容器中倒出时，其液面应呈较透亮的或深些或浅些的琥珀色。

正常的蜂胶溶液不应是纯黑色，也并非越黑越好。如果是用

碱液提取、溶解的蜂胶，或者是用人工熬制的杨树胶冒充蜂胶的产品则呈深黑色。

一般为棕栗色、深棕色；
液面应呈较透亮的琥珀色

76 为什么有的口服蜂胶液比较黏稠，有的比较稀，到底哪一种好

蜂胶液黏稠度的高低与蜂胶固形物的含量有关。一般消费者与经营者难以用仪器测定，但可用目测估算。蜂胶固形物含量在20％以下时，液体较稀，用玻璃棒蘸起，液体呈线状流下；目前，市售的蜂胶液，其蜂胶固形物含量大都在20%~25％，用玻璃棒蘸起，液体呈滴状，能较快滴下，有较好的流动感，略有挂壁，但无明显的黏稠感。

如果蜂胶固形物的含量不是真得很高，但其黏稠度却很高，

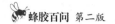

这很可能是加入了增稠剂或助悬剂而形成。此外，蜂胶原料如含有过多的蜂蜡或树脂也可使其黏稠度增加。因此，对借蜂胶液黏稠度大而标榜其蜂胶含量高者，要引起注意。产品价格也可作为其蜂胶含量是否高于25％以上的参考，以10ml／支的蜂胶液为例，每增加10％的蜂胶含量，正常情况下成本要增加0.4~0.5元。尤其是经营者，看看其供货价格，便可知其端倪。如果不是借蜂胶液是否黏稠作为蜂胶含量高低的依据，只是正常地调整蜂胶液的黏稠度则另当别论。

77 为什么不同厂家的口服蜂胶液口感和气味不同

蜂胶口尝味苦，略带辛辣味；有芳香气味，加热时有树脂乳香气。不同的蜂胶液口感和气味不同，是因其使用的溶剂、添加剂有所不同，这应该是正常的。但无论如何，蜂胶特有的口感与气味还是应明显感觉出来才是。消费者可以根据个人的感觉和习惯，在合格的产品中选择。但如果口感和气味有咸、碱等异常的刺激感，则应慎重购买。

78 为什么有的蜂胶液服用时嘴里有发热的感觉

　　有个别厂家为降低成本，可能用碱性液体提取或溶解蜂胶，这样的产品在服用时，往往嘴里有发热的感觉。可用 pH 试纸测一下，如果 pH 在 9 以上，口感可能会有一点轻微发热的感觉。蜂胶液的正常 pH 以 4~6 之间为最佳，这样既可以保持蜂胶的稳定性，也利于人体吸收。用 pH 试纸测试，方法是：10 份水中加入 1 份蜂胶液，混合后吸取 1 滴，滴于 pH 试纸上，观察试纸的颜色。正常的蜂胶液在 pH 试纸上呈现黄色、淡红色或者蜂胶的本色。而用碱性液体提取或溶解的蜂胶在 pH 试纸上呈淡绿色，甚至是蓝色。

79 怎样才能知道蜂胶产品中蜂胶含量到底是多少

　　经营单位如检测以乙醇为载体的蜂胶液中的蜂胶含量，可参照 GB/T 24283-2018《蜂胶》国家标准中乙醇提取物含量的测定方法进行测定。

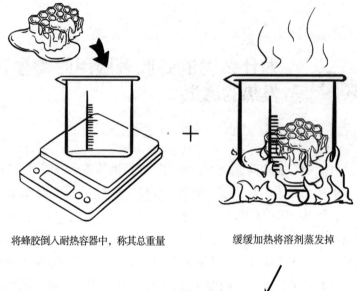

将蜂胶倒入耐热容器中，称其总重量　　　　缓缓加热将溶剂蒸发掉

蜂胶固形物呈干膏状，冷却后称重

　　一般消费者，可将蜂胶液倒入耐热容器中，称其总重量。再缓缓加热将溶剂蒸发掉，使蜂胶固形物呈干膏状，冷却后称重。前次称重结果与后次称重结果相减便可知蜂胶固形物含量的接近值。如果是以聚乙二醇等非挥发性物质为辅料的蜂胶液、蜂胶片、蜂胶硬胶囊或蜂胶软胶囊则可检测总黄酮含量，大体上，当含蜂胶10%时，则该蜂胶产品中的总黄酮应在2.0%左右，以此类推。

80 蜂胶中功效成分及量效关系如何?
多少用量合适

目前，大多数蜂胶制品，在与疗效的量效关系上缺乏科学性与合理性。

限于各种条件，笔者不能将蜂胶中的各种主要成分及其量效关系做全面准确的阐述。姑且先从蜂胶中最主要的，含量最为丰富的黄酮类化合物谈起，以期能引发大家更深入的思索和实践。

在某种意义上，由于蜂胶中含有丰富的黄酮类化合物，才使蜂胶名声显赫。无论从传统医学还是从现代医学的角度来评价蜂胶，都不能忽视黄酮类化合物在蜂胶中的重要作用。大量的试验与临床证实，黄酮类化合物的医疗功效有：抗炎症、抗过敏、抗感染、抗肿瘤、抗化学毒物、抑制寄生虫、抑制病毒、防治肝病、防治血管疾病、防治血管栓塞、防治心脑血管疾病等。可以看出，蜂胶的综合功效几乎都与黄酮类化合物相关。

笔者仅就黄酮类化合物，查阅了相关资料，从 48 种病症中可以看出，黄酮类化合物的有效摄入量大都为 500~750mg/d 左右，最低和最高摄入量分别为 100mg 和 1000mg。这可以作为分析蜂胶中黄酮类化合物量效关系的参考依据。

生物黄酮与多种病症的量效关系

病症种类	黄酮类化合物摄入量（mg/d）	病症种类	黄酮类化合物摄入量（mg/d）
炎症	500~750	老年化	500~750
艾滋病	500~750	老年斑	500~750
白内障	500~750	耳部感染	500~1000
青光眼	750~1000	听力丧失	500~750
视网膜黄斑退化	250~500	梅尼埃病	500~750
鼻窦炎	500~750	牙周炎	500~750
乙醇中毒	500~750	慢性疲劳综合征	750~1000
环境中毒	500~750	花粉症	750~1000
肌肉纤维疼痛	500~750	皮肤皱纹	500~750
肥胖病	500~750	皮肤癌	500~650
疮疖	500~800	蛇咬	500~800
蜂蜇	500~800	肌肉痉挛	500~750
骨质疏松	100	痛风	500~750
乳腺癌	500~750	骨折	500~750
挫伤	500~750	肿瘤	500~750
坏疽	500~750	肝炎	500~750
化学中毒	500~750	头痛	500~750
痔疮	500~750	高脂血症	500~750
应激反应	500~750	卒中	500~750
动脉粥样硬化	500~750	气喘	250~300
气管炎	500~750	肾炎	500~800
肺炎	300	前列腺癌	500~750
肾结石	500	感冒和流行性感冒	500~750
性欲冷淡	500~800		

　　据中国农业科学院蜜蜂研究所对不同地区，不同季节采集的120个蜂胶样品的分析结果，蜂胶中总黄酮含量为8.2%~17.2%，

平均含量为 12.2%。

　　笔者检测近百个不同的蜂胶样品，总黄酮含量为 13.630%~16.895%，平均含量为 14.623%。

　　根据我国蜂胶的一般质量，大体可以以总黄酮平均含量 12% 作为量效关系的分析依据。以目前市场上比较流行的蜂胶液和蜂胶软胶囊为例，如其蜂胶含量分别是 20% 和 30%，10ml 的蜂胶液含蜂胶 2g，总黄酮含量约为 240mg；蜂胶内容物 450mg 的蜂胶软胶囊含蜂胶 135mg，总黄酮含量约 16.2mg。如按对表中所列疾病的黄酮类化合物的最低有效摄入量 500mg 计算，以上产品的推荐服用量一般只是每日几十滴或几粒，显然与黄酮类化合物的有效摄入量有较大的距离。

　　但是，蜂胶的实际应用效果为什么往往超出上表中生物黄酮与多种疾病的量效关系呢？这需要从另一角度分析，也就是蜂胶既然是总体应用，那么在疗效上也并非只是黄酮类化合物在起作用。例如蜂胶中的萜烯类化合物等也具有黄酮类化合物相似的作用。萜类品种较多，性能各异。此类化合物一般具有清凉、祛风、驱虫、防腐、醒脑、止痒、抗菌消炎和镇痛等生理性功能，具有微量挥发性质。此外，某些其他成分的作用还可能超出于黄酮类和萜烯类化合物之外。

　　事实上，每种蜂胶制品的量效关系是研发者针对不同保健功效，设计的产品配方、生产工艺与品质控制方法，经过多次试验调整而得到，且需权威机构对研发的结果进行检测验证，最终确认该产品的量效关系。

　　因此，笔者对蜂胶量效关系尚难做出具体分析。但是，笔者可以给读者一个大致的参考：作为药物，《中华人民共和国药典》中记载蜂胶日服用量为 0.2~0.6g，因此，以一粒蜂胶内容物 450mg 的蜂胶软胶囊（含蜂胶 135mg）为例，每天只需服用 2~5

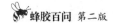
粒就可以达到一定疗效。作为保健食品可以依照该产品说明书规定的食用量和食用方法食用。

可以认为，无论从疗效还是从调节保健的角度，对蜂胶中功效成分及其量效关系的研究，已愈加显得迫切和需要。药品姑且不论，即使是保健食品，其发展趋势也必须明确其功能因子和作用机制。有关专家指出，保健食品不仅需要经过人体和动物实验，证明该产品具有某些生理调节功能，还要查明保健功能的功能因子结构、含量及作用机制。功能因子应有稳定的形态。这就要求对功效成分的纯度、结构、杂质进行严格的鉴别，提供红外、质谱图谱、残留溶剂含量等一系列质量参数，以确保产品功能的可靠性和安全性。从蜂胶中功效成分及量效关系所引发的思考，也许有助于蜂胶的科学应用与发展。

 81 是不是蜂胶的含量越多越好，蜂胶保健食品中总黄酮含量越高效果越好

有不少消费者认为蜂胶产品中的蜂胶含量越多越好，总黄酮含量越高越好，其实这是一种误区。

有一位老太太，来电话咨询，说是有的厂家宣传自己的蜂胶液中的蜂胶含量达到 70%，问我们是不是真的。我们回答说，作为蜂胶液来讲，一般蜂胶含量在 20% 左右。这是产品的量效关系和溶剂的溶解度决定的。如果在蜂胶液中，蜂胶的含量能达

到70%的话，就好比用七两面和三两水，那结果岂不成了面团了吗。

蜂胶产品中的蜂胶含量多少合适呢？这要根据产品的功能和剂型而定。一般来说，蜂胶含量比较高，相应总黄酮含量也比较高的蜂胶产品多为固体类产品，如蜂胶粉、蜂胶片、蜂胶硬胶囊等，其蜂胶含量可以达到70%左右。但液体型的蜂胶产品，其蜂胶含量就不可能太高。这是因为溶解度和产品加工工艺等的限制。就溶解度而言，一般醇溶蜂胶液，其蜂胶溶解度约为25%；PEG400等有机溶剂制成的水溶蜂胶液，其溶解度一般在20%以下。如果再多溶解，就会形成饱和或过饱和溶液，容易产生沉淀分层。如果将蜂胶做成软胶囊，其蜂胶含量一般控制在30%左右，因为蜂胶含量如果超过30%，会给软胶囊填充加工带来困难，也容易造成软胶囊的内容物渗漏。

蜂胶产品总黄酮含量是不是越高效果越好呢？其实并非如此。

蜂胶产品的总黄酮含量是必须检测的指标。总黄酮含量的多少自然与蜂胶含量的多少有关系。但由于不同产地，不同树种的蜂胶原料的总黄酮含量不是平均的，蜂胶含量的多少与总黄酮的多少不是绝对成正比的。因此，单纯以蜂胶含量多少来判断产品是不科学的。

蜂胶保健食品中的总黄酮含量多少合适呢？这很难做出统一的判断。因为厂家不同，产品不同，各有各的产品标准，判断蜂胶保健食品的总黄酮含量是否合格，所依据的就是其被批准的产品注册证书附件技术要求和相关企业标准。消费者可以检查其第三方检验报告是否符合规定的指标。

无论从那个角度考虑，并不意味着蜂胶产品中的总黄酮含量越高越好。蜂胶含有上千种天然成分，由于其中的黄酮类化合物含量较高、易得、且稳定，而将其作为标志性成分指标。实际上，蜂胶的功效是其各种成分总体协同作用的结果。绝大多数

蜂胶产品总黄酮指标的正常含量难以超过 6% 左右。总黄酮含量再高的产品由于其相应的蜂胶原料资源少，难以规模化批量生产。因此，总黄酮含量异常高则可能涉嫌违法添加了芦丁、槲皮素等物质，这可以通过送检，采用蜂胶国家标准（GB/T 24283—2018）中 4.3.2 GH / T 1087 真实性检测方法检验鉴别。

其实，单次过量摄入黄酮类化合物，人体并不能完全吸收，长时间过量服用还可能引起肠胃道刺激、食欲不振、抑郁症、女性内分泌紊乱、子宫内膜炎等问题。

蜂胶产品总黄酮偏低，不代表其总体功效就差。蜂胶的成分十分复杂，其含有的酚类化合物、萜烯类化合物等功效成分，与黄酮类化合物有相同的保健作用。另外，有的产品除了蜂胶以外，还添加了其他保健原料，通过相关成分的叠加互补，可以使其总体功效得到弥补或强化。因此，单一总黄酮指标的高低并不主要，产品保健功能的有效性才是硬道理。

鉴于不同类型的蜂胶原料的总黄酮含量存在明显的差异性，已批准发布了 ISO24381：2023 蜂胶国际标准，增加了酚类化合物—总酚的含量指标。这对于蜂胶品质的判断提供了更加全面的科学依据。

82 蜂胶中的铅含量多少才符合标准，蜂胶中的铅能除掉吗

铅是一种多亲和性有害重金属，在人体内有蓄积性，不易排出体外。如果铅超量蓄积，会对人体的免疫系统、神经系统、消

化系统、造血功能和心脏、肾脏等造成损害。因此，国家对食品、保健食品、药品、化妆品等的铅含量都有标准。

根据有关标准规定，蜂胶类的一般产品（如蜂胶液、蜂胶软胶囊等）的铅限量为：≤ 0.5（mg/kg）；一般胶囊产品（如蜂胶硬胶囊）为 ≤ 1.5（mg/kg）；固体（蜂胶浸膏）≤ 2.0（mg/kg）。市场上所有的食品、保健食品都必须进行铅、砷、汞等的检测，只要是正规合格的产品，尽可放心消费，实在不必谈铅色变。

放心！

蜂胶产品中的铅含量问题并不是一个十分突出的问题，但却是一些人炒作的热点。其实，铅含量问题不是蜂胶所特有的，很多的食品、药品、化妆品都有铅含量问题。目前对于蜂胶铅含量的控制，一是从源头抓起，即用尼龙网代替铁纱网采集蜂胶；二是在加工环节对铅含量超标的蜂胶进行除铅处理。

铅有几种状态存在，通常可用化学沉淀法、过滤中和法、吸附法等除铅。国家和农业部蜂产品质量监督检测中心分别对来自全国的蜂胶产品样品进行检测，没有发现超过国家相关标准的样品。蜂胶铅含量问题虽然仍是一个应该引起有关生产厂家特别注意的问题，但也不是某些人所说的那样危言耸听。

但是，也应该注意，蜂胶在生产过程中可能会被污染，造成铅含量过高。因此，需经除铅后方能服用。此外，不能直接食用蜂胶原料，即从养蜂者那里买来的毛胶。这种毛胶如果是用铁纱网采集的，未经处理，往往含铅量超标。有些商贩将这种毛胶泡在乙醇内直接做成蜂胶液等产品出售，容易对人体产生危害。所以，千万不能图便宜购买这类产品。

如果对所购买的蜂胶产品不放心，可要求商家提供由疾病预防控制中心出具的该产品的检验报告，看其铅限量及其他卫生指标是否合格。没有检验报告的产品千万不要购买。

83 蜂胶为什么不能作为普通食品生产经营

目前，蜂胶尚未列入普通食品管理范围。因为蜂胶与普通食品有很大的区别，蜂胶类产品是保健食品。保健食品虽然本质上也是食品，能提供人体生存必需的基本营养物质（食品的第一功能），具有特定的色、香、味、形（食品的第二功能），但又与普通食品有所区别。

第一，保健食品都含有一定量的功效成分（生理活性物质），具有特定的功能，而普通食品不强调特定功能。

第二，保健食品一般有特定的食用范围（适宜人群），而普通食品无特定的食用范围。

第三，虽然在普通食品中也含有生理活性物质，但由于含量较低，在人体内不能实现功效作用。保健食品中的生理活性物质是通过提取、分离、浓缩（或是添加），使其在人体内达到发挥作用的浓度，并且必须通过动物或人群临床实验，证实有明显、稳定的功效作用。

　　凡没有经过保健食品认证批准的蜂胶类产品，是不能以普通食品销售的，一旦发现则以使用非食品原料予以处罚。即使是获得保健食品批准证书的产品，也不允许进行所批准的保健功能以外的夸大或虚假宣传。

　　对于生理功能正常，想要维护健康或预防某种疾病的人来说，保健食品是一种营养补充剂。对于身体功能异常的人，保健食品可以强化免疫系统。从科学角度讲，平时注意营养均衡的饮食、有规律的生活习惯、适时适量的运动、保持开朗的性格，才是健康的根本保证。

84　同样是蜂胶液，为什么价格相差很大

　　同样的产品，价格不同，这也是市场经济的正常现象。而产品品质的好坏，往往不在于价格，而在于其内容成分。产品利润率的大小，流通环节的多少，成本的高低都会影响到价格。但有一点值得注意，当蜂胶产品价格特别低的时候，要特别留意其产品质量。

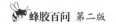

 85 没有保健食品批号的蜂胶产品可以买吗

　　国家规定，蜂胶不能作为普通食品生产销售。因此，无论是国产蜂胶保健食品还是进口（跨境）蜂胶食用类产品都必须获得"国食健注 G xxxxxxxx"或"国食健注 J xxxxxxxx"国产或进口保健食品批文，俗称"蓝帽子"。否则，则作为非法生产经营或非法进口产品。因此，消费者不要购买没有国产和进口保健食品批文的产品，这些产品大多数为假蜂胶产品；据中国蜂产品协会代表团实地考察多个蜂胶产品出口国家，大多数所谓的进口蜂胶产品严重涉假造假。

 86 蜂胶有毒性和不良反应吗，它的安全性如何

　　徐景耀研究员曾经与武汉市医学科学研究所黄汉清教授做了蜂胶毒性试验。取蜂胶膏状物，加灭菌注射用水配制成 1g/mL 试液。根据实验所得结果分析：静脉给予低剂量药物组、腹腔给药组、口服给药组与对照组相比较，各组动物都未产生明显的不良反应和死亡，所试动物均活泼健存。亚急性毒性各组供试动物实验结果与前所述基本相同，但唯有急性毒性静脉给予高剂量药物组，相当人临床用量"1.65g/kg"计的100倍以上的动物均表现出暂时性的不适反应。其原因，可能由于蜂胶本身的成分比较复杂，采集季节和地区的不同、迄今还没有统一的质量标准、制作工艺、其中所含的杂质未作有效的分离和除去，使用剂量欠妥等因素，均有导致产生反应的可能。但历时不长，供试动物能较快地自动缓解并恢复到正常。

国家已批准注册的所有蜂胶保健食品，都首先要经过权威部门进行毒理试验，包括进行小鼠30天喂养实验，结果判定均为无毒级。

87 市场上的蜂胶产品有哪些类型，哪一种剂型的蜂胶使用方便

市场销售的蜂胶产品大体上有液体和固体两大类别。液体类有：蜂胶液、蜂胶露、蜂胶口服液、蜂胶喷剂、蜂胶酒等。固体类有：蜂胶硬胶囊、蜂胶软胶囊、蜂胶粉、蜂胶片、蜂胶糖等。此外，还有日用化工类产品，如蜂胶皂、蜂胶雪花膏、蜂胶面霜、蜂胶洗发液等。

不同的剂型，各有特点，可任消费者自由选择。

蜂胶产品的剂型不同，其蜂胶含量和效果也不尽相同。消费者可根据自身的健康状况和预防、治疗疾病的需要进行选择。当然还要考虑其方便性和经济性。

蜂胶硬胶囊、蜂胶软胶囊、蜂胶片等便于携带，出差旅游服

用方便。液体类蜂胶产品，居家服用较好。蜂胶液既可内服，又可外用，外用可杀菌消炎。蜂胶喷剂可用于口腔溃疡。蜂胶皂用于沐浴，可消炎、止痒。

88 复方蜂胶是怎么回事效果会更好吗

国家大力支持中药类保健食品的发展。国务院《中医药发展战略规划纲要（2016-2030年）》（国发〔2016〕15号）中明确要求："鼓励中医药机构充分利用生物、仿生、智能等现代科学技术，研发一批保健食品、保健用品……"。这就需要以科学的态度对待蜂胶。因为，蜂胶虽然有很多功效，但也不是包治百病的灵丹妙药。蜂胶对某些疾病存在局限性，达不到治疗的目的；而对某些疾病没有效果。

很显然，蜂胶的研究与应用，如果脱离开中医理论的指导，就会成为无源之水、无本之木。复方增效的配方设计应该是蜂胶等蜂产品深度应用的发展方向。复方蜂胶就是在中医理论指导下，根据辨证施治、阴阳调和的基本要求，针对蜂胶在某些功效上的局限性，参照"君臣佐使"的组方原则，研发复方增效型中药类保健食品，目的是扬蜂胶之长，补蜂胶之短，更好地提高其医疗保健应用效果。这应该成为蜂胶类保健食品提高技术含量和附加值，升级换代，创新发展的努力方向。

89 有人说"世界蜂胶看巴西"，巴西蜂胶比中国蜂胶好吗

20世纪90年代初，从巴西产的蜂胶中提取出了双萜类物质，这种物质被证明具有抗肿瘤活性，其含有的桂皮酸诱导体被认为是抗菌活性物质被陆续报道；同时，随着蜂胶提取技术的研究，多种有效成分被发现，这一时期的主要原料是巴西产的蜂胶，作为研究材料也多偏于巴西产的蜂胶。这就形成了巴西产的蜂胶品质优良的印象，颇有些先入为主的味道。

那么巴西蜂胶是不是确实比中国蜂胶好呢？回答这个问题，首先要搞清楚什么是巴西蜂胶？其实，并不是所有产自巴西的蜂胶都可以称之为"巴西蜂胶"。笔者曾经两次奔赴巴西考察巴西蜂胶。发现巴西生产的所有不同胶源植物的蜂胶中，酒神菊属植物才是巴西蜂胶惟一的胶源植物，这种来源于酒神菊属植物的巴西绿蜂胶，才可以称之为"巴西蜂胶"。因为，这种蜂胶只产自巴西，而同样产自巴西的其他胶原植物的蜂胶，如尤加利树（桉树）、迷迭香、驴皮草等类型的蜂胶在其他一些国家也都有生产，因此不能将这些类型的蜂胶也称之为"巴西蜂胶"。

酒神菊属植物是多年生的灌木状草本植物，植株高度约1~2米左右，叶片细小，雌雄异株，为白色或者淡黄色小花。这种植物主要生长在海拔700~1500米的山区，位于巴西东南部的米纳斯吉拉斯州是巴西绿蜂胶主产区。

　　酒神菊属蜂胶的特点：①其原料一般为黄绿色；②具有酒神菊蜂胶有特有的香气；③其中的黄酮类化合物含量比中国蜂胶偏低，而含有的萜烯类化合物、挥发油的含量略高；④富含阿替匹林C，这种成分仅存在于酒神菊属蜂胶中，是其特有的特征性物质。

　　研究发现阿替匹林C的主要作用：对各种培养的肿瘤细胞和转移的癌细胞具有强的细胞杀灭作用。体外细胞实验表明，阿替匹林C对人体的鼻咽癌、子宫颈癌、乳腺癌、肾癌、大肠癌等癌细胞株均具有强烈的毒杀作用。

　　中国蜂胶与巴西蜂胶相比的结果如何呢？我们可以从某些指标进行对比，如有些国家进口蜂胶，规定黄酮类化合物中的槲皮素、柯因和高良姜素的含量之和不能低于6%，从分析结果看，中国蜂胶样品的三项指标之和为6.465%；有的国家则要求槲皮素、柯因、高良姜素和松属素含量之和应达到总黄酮含量的50%以上，中国蜂胶样品的四项指标之和为8.894%，为总黄酮含量的60.822%。而巴西蜂胶三项指标之和仅为0.275%；四项指标之和也仅为0.715%，仅占总黄酮含量的8.011%。

　　虽然两者之间在成分上有一定的差距，但两者的功效作用如何呢？

　　浙江大学动物科学学院胡良教授的团队进行了"中国蜂胶和巴西蜂胶改善糖尿病大鼠的效果及对糖尿病肾病的作用机制实验"，其结果证明，虽然两者之间有一定的差距，但中国蜂胶和巴西蜂胶能有效改善T1DM和T2DM对大鼠造成的损伤。两种蜂胶均能抑制糖尿病大鼠体重下降，改善大鼠血液糖代谢、脂质代谢、蛋白代谢以及血液、肝、肾氧化应激。通过测定肝肾功能相关指标及组织切片观察结果表明，蜂胶能改善糖尿病大鼠肝肾功能。比较中国蜂胶和巴西蜂胶的效果发现，中国蜂胶对血糖的控制效果和肝脏的保护效果略优于巴西蜂胶，而巴西蜂胶改善氧化应激的效果要略优于中国蜂胶。

再如，中国蜂胶虽然未检出阿替匹林 C，也含有某些抑制肿瘤的成分，也不能进行简单的类比。

所以，不能简单地认为中国蜂胶不如巴西蜂胶，或者认为巴西蜂胶不如中国蜂胶。因为蜂胶中的一些不同成分却有相同的作用。例如萜烯类化合物与黄酮类化合物就有一些相同的作用。因此，不同类型的蜂胶各有特点，不能简单地进行类比。尽管巴西蜂胶应用较早，而且在质量上也有特点，比如它的蜂胶特有的香气较浓，用其制成的蜂胶液颜色较浅等，但不等于说巴西蜂胶就比中国蜂胶好，更不应该用巴西蜂胶贬低中国蜂胶。

90　蜂胶含有激素吗

有人说蜂胶含有激素（雌性激素），容易引发妇女内分泌失调、子宫肌瘤、乳腺癌等疾病，造成不少女性不敢吃蜂胶。那么蜂胶到底含不含激素？从蜂胶的来源追溯，蜂胶应该不含有激素，特别是雌性激素。

为了验证蜂胶到底含不含激素，中国蜂产品协会蜂胶专业委员会曾在 2010 年 5 月 17 日，将蜂胶样品送到国家兴奋剂及运动营养测试研究中心进行检验，检测项目为：孕酮、雌酮、雌二醇、雌三醇、己烯雌酚、睾丸酮、甲基睾丸酮等雌激素。送检样品编号（2010FD049）。

该中心 2010 年 5 月 19 日出具的检测结果：上述物质的实际

检出浓度小于方法检出浓度最小值 2μg /g，可以认定为未检出。因此，蜂胶中不含上述雌性激素。

91 健康的人可不可以服用蜂胶

什么是健康人？一般认为平时不生病，身体无大障碍的人就是健康人。这类人群若时常服用一些蜂胶产品，可以增强免疫力；排出体内毒素；消除人体过剩的自由基（研究证实，人体有很多疾病的发生与自由基过剩有关）；软化血管，改善血液循环；延缓衰老等。

如果感到身体常有种种不适，又查不出什么疾病的话，那就很可能处于"亚健康"状态。这首先要找出原因，及时纠正。工作紧张繁忙，经常处于疲劳状态的人，除了必要的休息消除疲劳，恢复体力外，同时服用一些蜂胶类产品，可以起到增强身体免疫力和调节生理功能的作用，防止从"亚健康"状态滑向非健康状态。

值得一提的是，有些健康人在服用蜂胶一段时间以后，可能会感到比较疲劳，排便量增加且颜色发黑，脸上出现一些红色的斑点。其实，这些都是一些好的反应，可以继续服用。但要注意，如果身上出现皮疹，则应考虑是否是过敏反应。一般过敏反应来得较快，24 小时左右即可发生。而上述反应来得慢，一般在 1 周到 1 个月的时间才可发生。

92 蜂胶是否可与其他药物一起服用，哪些人不适宜食用蜂胶

蜂胶对一些药物有增效作用。一般蜂胶与中草药和西药一起服用效果会更为明显。应该注意的是，无论中草药还是西药，凡具有一定毒性和不良反应的，就不要与蜂胶同时服用。一般需要间隔1小时以后再服用较好。

蜂胶类保健食品的说明书中，一般都会在〔不适宜人群〕项中标明"少年儿童、孕妇、哺乳期妇女"。这是因为蜂胶中的一些功效成分，可能会影响婴幼儿和少年儿童的正常发育。

6~10岁的少年儿童如确需用蜂胶配合治病时，服用量应为成人的一半，12岁以后可以按照产品说明书的使用方法和推荐用量食用。

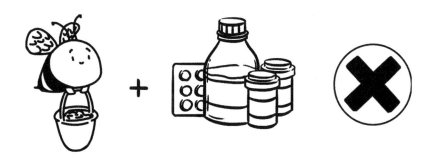

93 蜂胶保健食品有没有代系区分?

目前，蜂胶保健食品尚没有代系之分。有些产品出于商业目的自封为是升级换代的第几代产品，是不对的。如果产品要分代的话，必须符合产品代系区分的相关标准：

1. 应具备产品代系之间在配方及其依据、生产工艺技术等关键因素先进水平的明显差异性；

2. 应具备相关产品代系的国家或行业标准和对应的产品代系衡量指标；

3. 应具备该代系产品目标用户的体验效果。

4. 应具备国家或行业对该代系产品的技术评价与鉴定结果。

94 蜂胶可以和酒一起饮用吗

蜂胶可以和酒一起饮用。

一方面，酒是蜂胶很好的溶剂，将蜂胶加入酒中会溶解得非常均匀，便于吸收。另一方面蜂胶具有一定的解酒作用。对于经常喝酒的人来说，在饮酒的同时加入一点蜂胶会有防止或缓解醉酒的作用；尤其是酒量小的人，在应酬场合，不得已多喝一些酒，就可以用少量蜂胶防醉。虽然只是很少的几滴蜂胶，却能有效地缓解醉酒，何乐而不为呢。

　　适量饮酒，可通血脉，消忧愁。现代医学证实，适量饮酒可以抑制动脉硬化，延缓衰老，改善睡眠，有利健康。但是，饮酒过量则会走向相反的方向，所以最根本的还是要控制好自己的酒量。不要以为蜂胶有一定的解酒作用就贪杯，更不应该酗酒。

95　蜂胶和哪些东西搭配更有效? 复方蜂胶产品的效果是不是更好

　　大量的研究与临床应用证明，蜂胶完全可以与某些中草药或其他有效物质结合在一起，形成多种多样的复方增效型产品。这类复方增效型产品，可以强化蜂胶的某些作用，也可以弥补蜂胶在某些方面的不足，使蜂胶效果更为显著。目前，由单方型产品向复方型产品的转变，已是蜂胶类产品的发展趋势。

　　例如将蜂胶与蜂王浆、蜂花粉、蜂王胎和灵芝、灵芝孢子粉、黄芪、葛根、五味子、西洋参、苦瓜、刺五加、枸杞、葡萄籽等提取物以及有机三价铬、有机硒等分别结合在一起，可形成多种复方增效型产品。有些复方蜂胶产品在免疫调节、降血糖、降血脂、辅助抑制肿瘤、抗疲劳、抗缺氧、保肝等方面都取得了比单纯使用蜂胶更好的功效。

至于蜂胶与哪些东西搭配更有效，则要根据产品的功能而定。选择搭配的对象，首先要在既是食品又是药品的名单和可用于保健食品原料的物品名单中选择。但要注意，某些东西是不可以和蜂胶搭配的，可在保健食品禁用物品名单中查询。如果没有把握，可先找有关部门或专家咨询。千万不可未经检测试验与报批，自以为是地将蜂胶搭配成复方的蜂胶产品。

96 蜂胶产品如何保存，能保存多长时间

保存的方法和期限是否妥当，会直接影响到产品的品质和服用效果。就蜂胶的特性而言，应该在密闭、避光、阴凉处保存。密闭是因为蜂胶中的挥发油容易挥发；放在避光、阴凉处是为了避阳光照晒。蜂胶中的萜烯类物质对光较为敏感，遇光易变色。每次服用完毕，应立即将瓶盖拧紧或进行密封，放在避光、阴凉处。蜂胶胶囊，尤其是蜂胶软胶囊，还要注意防潮，否则空气中的水分会被胶囊壳吸附，使胶囊壳变软、变黏，容易粘连在一起。

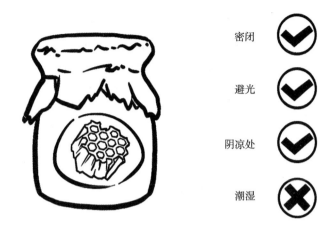

蜂胶类保健食品在正确的保存条件下，一般保质期为 24 个月。虽然如此，还是建议消费者最好在较短的时间内将所购买的蜂胶产品服用完。随着保存时间的延长，蜂胶的液体产品可能会有沉淀物产生，但也没有大碍，只要在服用前充分摇晃即可。

 97　消费者如何选择蜂胶产品

由于天然蜂胶不能直接食用，消费者购买的是经过加工的蜂胶产品，蜂胶加工专业性很强，工艺复杂，技术难度高，卫生条件要求严格，产品质量差别很大，选购时应注意。

一看：认真查看产品批准文号。以蜂胶为原料加工生产的产品，在经过国家相关部门指定的权威机构进行的产品安全性、有效性、稳定性检验，动物功能试验和人体临床试验，经专家评审合格发给《保健食品批准证书》，方可进行生产和销售。蜂胶产品中，凡标注地方批准文号的，均为无效批准文号。进口的蜂胶产品，经审查合格后，发给《进口保健食品批准证书》，进口报关单号或其他文号不能代替批准文号。不论是国产蜂胶产品，还是进口蜂胶产品，经审查合格的，都在包装上标注有批准文号和统一规定的保健食品标志。

二选：是指功效的选择。蜂胶的主要保健功能有免疫调节、改善睡眠、调节血脂、调节血糖、保护肝脏、抑制肿瘤等。其中免疫调节是蜂胶的基础保健功能。免疫功能是健康的基础，免疫功能失调时，机体抗感染能力降低；识别和清除自身衰老损伤的组织细胞的能力降低；杀伤和清除异常突变细胞在体内生长的能力降低；导致人体生理功能紊乱，抗病力与自愈力降低。科学研究证实：几乎所有疾病的发生与发展，都与自身的免疫功能状态有关，而任何一种疾病的痊愈，都是免疫调节的结果。消费者在选购蜂胶产品时，要根据自身体质的具体情况，选择标明具有相应保健功能的蜂胶产品。

三试：消费者在选购蜂胶产品时，可以要求售货员，当面进行稀释冲饮试验：高品质的蜂胶产品（蜂胶液、蜂胶软胶囊内容物），用温开水稀释冲饮时，应具有蜂胶特有的清香气味，颜色金黄透亮（蜂胶中功效成分总黄酮的颜色），口感微麻辣苦涩，入口清爽新奇。如有黑褐色漂浮物和沉淀物，是有效物质析出的现象；颜色晦暗浑浊有异味，是超量使用乳化剂的表现；颜色浅淡，则是功效成分含量低所致。

四注意：首先要注意生产企业资质，选择蜂胶专业企业、中国蜂产品协会蜂胶专业委员会认证企业、全国蜂产品行业优秀企业生产的产品，质量稳定可靠，售后服务有保障；其次要注意生产日期和保质期，不购买过期产品；再要注意查看包装上标注的产品功效成分含量，相同剂型产品功效成分含量高的，保健功效会更好。蜂胶产品中功效成分的含量，是产品定价的依据。功效成分含量高的产品，销售价格会高一些。无论是从量效关系，还是从效价关系来衡量，消费者都应理智地选购功效成分高的蜂胶产品。还要注意生产厂家的详细地址和网址、传真和电话，以便查询。

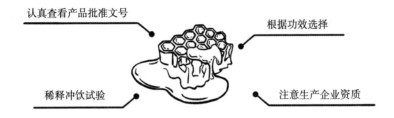

认真查看产品批准文号　　根据功效选择

稀释冲饮试验　　注意生产企业资质

98　有没有辨别蜂胶真实性的检测方法

《蜂胶》国家标准（GB/T 24283-2018）中真实性要求中 4.3.1 明确规定蜂胶中"不应加入任何树脂和其他矿物、生物或其提取物质。非蜜蜂采集，人工加工而成的任何树脂胶状物不应称之为'蜂胶'"。GB/T 24283-2018 中 4.3.2 规定，对假冒和掺假的蜂胶"按 GB/T 34782、GH/T 1087 的真实性要求和检测方法检验"。

GB /T 34782 即国家标准《蜂胶中杨树胶的检测方法高效液相色谱法》，其原理是：水杨苷和邻苯二酚广泛存在于杨属和柳属植物的芽、叶子和树皮中。当这些芽、叶子和树皮经过煎煮之后，水杨苷和邻苯二酚依然存在。而蜂胶中并不存在水杨苷和邻苯二酚，因此可以作为蜂胶中是否掺有杨树胶的鉴别指标。试样经 75% 乙醇提取后，用配有紫外检测器的高效液相色谱仪在 213 nm 处检测水杨苷和邻苯二酚的含量，这两项指标只要检出一项，既可以判断出蜂胶中是否含有杨树胶。

GH/T 1087 即行业标准《蜂胶真实性鉴别方法高效液相色谱指纹图谱法》，其原理是：样品经过甲醇提取，用 0.4% 磷酸酸化，以高效液相色谱在 360 nm 波长下测定样液的指纹图谱，根据样品与杨树型蜂胶、杨树胶的对照标准图谱的相似程度进行比较，使用中药指纹图谱相似度软件计算样品的相似度，根据相似度判断蜂胶的真实性。

99 蜂胶保健食品如何辨别真假

随着蜂胶产品市场的不断升温，质量良莠不齐，宣传混乱，国家有关主管部门为了加强对蜂胶类产品的管理，相继对蜂胶类产品的生产销售做出了规定。第一，2002 年原卫生部（卫法监发〈2002〉51 号）发布的既是食品又是药品的名单中不包括蜂胶，就是说蜂胶产品不能以食品名义生产销售。第二，在同一文件中将蜂胶列入保健食品原料名单，就是说蜂胶类产品必须经过申报，获得保健食品批准证书后方可取得合法的生产销售资格。

蜂胶为什么不是普通食品？是因为它不能用于充饥解饿，不是以提供营养和热量为目的的。蜂胶的价值在于其具有的多种保健功能。然而，蜂胶也不等同于药品。蜂胶最主要的特征并不是因为它能治病，而是因为它能使人体具有抵抗疾病的免疫力，能改善和增强体质，有效去除造成疾病的病因，提高人体的自然治愈力和恢复力。

按照规定，审报保健食品首先要向食品药品监督管理职能部门提出审请，如实填报有关申请表格。同时要提供产品研发报告、产品配方及配方依据、产品的企业标准以及三个生产批次的产品样品和用其进行的卫生学评价、毒理安全性评价、标志性成分鉴定、稳定性试验和所审报保健功能的动物试验、人体临床试验后所分别提供的检验、试验报告。所有的检验、试验工作均由国家主管部门认定的权威检验机构和医疗机构进行。

以上工作全部完成后，需将所有审报材料按规定装订成册，上报国家市场监管食品审评部门进行审评。使用保健食品原料备案目录中的原料，申报备案的保健食品应由省级市场监管部门审批。

这里需要注意的是，无论在初审还是在终审过程中，可能会需要修改、补充一些材料，如需要更改产品名称、规范修改企业标准、做一些工艺、技术补充说明等；补充做一些检验或试验项目并提供报告。对这些需要补充的工作，一定要认真对待，否则会前功尽弃。

如果企业本身不是保健食品生产加工企业，就必须与具备保健食品生产许可资质的企业签订委托加工协议书。持该协议书和该企业的营业执照和保健食品经营许可证，去当地省（直辖市、自治区）级市场监管部门办理该产品受托生产加工企业的保健食品生产许可证。

以上所有的环节和手续都办理完成了，所审报的产品就可以生产上市了。

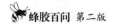
蜂胶百问 第二版

 100 蜂胶类保健食品的说明书中都标有"本品不能代替药物",为什么

蜂胶作为保健食品显然与药物是有区别的。一方面它有药品不可替代的作用;另一方面它又不能替代药品。

药品往往是专门针对某种或某类疾病。根据对蜂胶进行的药理学和生物学作用方面的研究与临床试验,蜂胶的疗效十分广泛。无论是感染性疾病,还是代谢性疾病;无论是外科病、内科病,还是耳鼻咽喉病,都有相应的临床疗效。因此,蜂胶与药品的性质、作用和应用范围有所不同。

蜂胶大量地应用于保健食品等方面，不仅患病的人可以服用，健康人和亚健康人也可以服用。患病的人服用蜂胶，可以增强疗效，对人体进行较全面的调理，加快疾病痊愈，提高人体自愈能力。健康人和亚健康人服用蜂胶，可很好地对疾病起到预防作用。特别是对亚健康的人来说，更会起到很好的调理作用。

当人们患有某些特定性的疾病，尤其是急症时，蜂胶的作用可能不及药物。首先应选择看医生确诊，服用医生开具的药物。由于药物对疾病的针对性强，可以更快地治愈疾病或抑制疾病的发展。但在服用药物的同时，可以配合服用一些蜂胶产品，较全面地调理人体功能，达到辅助治疗和增强疗效的作用。

附录1

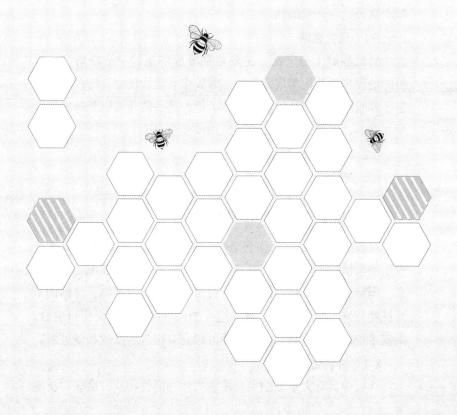

国内外蜂胶研究动态

（节选）

胡福良

（浙江大学动物科学学院，杭州 310058）

蜂胶的化学成分复杂，生物学活性丰富，被广泛应用于食品、药品、日化、农牧业等领域，是近二十多年来蜂产品乃至天然产物研究与开发的热点之一。

1.1 研究领域

研究领域十分广泛，主要包括蜂胶的生物学活性研究、蜂胶的地理来源及化学成分分析、蜂胶中有效活性成分的提取与鉴定、蜂胶及蜂胶产品的质量控制、蜂胶产品的开发以及蜂胶在医学、食品、农业、畜牧业中的应用等多个方面。

1.2 地域分布（略）

1.3 刊物分布（略）

2 蜂胶生物学活性研究进展

蜂胶具有十分广泛而显著的生物学活性，因而长期以来蜂胶生物学活性的研究一直是蜂胶研究的重点和热点领域。近五年来，围绕蜂胶抗氧化、抗炎、抗肿瘤、抗病原微生物、血糖调节及抗糖尿病、免疫调节、胃肠道保护、神经保护、促伤口愈合、生殖系统保护等生物学活性方面的研究有很多新发现和新进展。

2.1 抗氧化和抗炎

蜂胶中具有大量黄酮类和酚酸类生物活性物质，这些物质能发挥良好的抗氧化作用。黄酮类化合物可以通过直接捕获和清除氧自由基，酚酸类化合物苯环上的取代酚羟基可与 ROS 相结合，发挥抗氧化功能，达到抗炎效果。

体外自由基能力一直是反映蜂胶抗氧化活性的重要指标，而近年来随着科技手段的进步，体外自由基活性更多应用于蜂胶抗氧化活性的基础评价指标，同时，围绕氧化应激、亚细胞水平自由基清除等领域，对蜂胶抗氧化的机制进行深入研究。Zhang 等比较了澳大利亚桉树型蜂胶与巴西酒神菊型蜂胶的抗氧化活性差异，发现桉树型蜂胶体外自由基清除活性（DPPH 和 ABTS）较酒神菊型蜂胶更强，但酒神菊型蜂胶具有更好的细胞活性氧自由基（ROS）清除能力，并进一步证明这两种蜂胶在细胞层面抗氧化活性及抗氧化作用机制的差异。利用小鼠巨噬细胞（RAW264.7）研究发现，酒神菊树蜂胶能激活 p38 信号通路，同时诱导 Nrf2 蛋白的进核，进而激活细胞抗氧化系统，而桉树型蜂胶可以激活 ERK 信号通路来诱导 Nrf2 蛋白的激活。有研究发现，巴西红蜂胶提取物增加了 HEK293 细胞及小鼠肝脏中 Nrf2 调控基因的表达，并抑制 HEK293 细胞中 ROS 的生成，起到预防氧化应激的作用。蜂胶提取物能抑制炎症因子 IL-1β 和 IL-6 的分泌，降低 LPS 刺激的巨噬细胞中产生的 NO 水平；调节 ICAM-1、VCAM-1 和 MCP-1 的表达来减少 LPS 诱导的炎症反应。

另一方面，越来越多的研究逐渐从体外转移到了体内，围绕蜂胶的抗氧化活性与相关疾病展开，为蜂胶的医药应用奠定基础。Ahmed 等研究了马来西亚蜂胶对大鼠体内由异丙肾上腺素诱导的心肌梗死具有心肌保护作用的抗氧化成分。Boufadi 等利用 Wistar 大鼠证明口服蜂胶提取物可以有效缓解氧化应激对肝脏、肾脏、肺部的损伤，特别是脂质过氧化状态。Hsieh 等体内外实验表明台湾绿蜂胶可以通过调节 NLRP3 和 IL-1β 来抑制痛风引发的炎症。Yangi 等研究发现蜂胶可以缓解由 LPS 诱导的在大鼠体内的炎症，并显著降低体内丙二醛、超氧化物歧化酶、一氧化氮的含量。蜂胶中重要的黄酮类物质高良姜素能显著改善 DSS 引起的组织病理学改变和组织损伤，抑制 Toll 样受体 4 的表达，抑制 NF-κB p65 的激活，降低小鼠体内炎性细胞因子的水平。

Xuan 等研究发现中国蜂胶可以通过抑制自噬和 MAPK/NF-κB 通路来缓解 LPS 诱导的人脐静脉内皮细胞炎症。Batista 等研究发现巴西红蜂胶提取物可以有效缓解 UVB 对大鼠造成的皮肤炎症，并具有一定的防晒作用。Braik 等研究发现阿尔及利亚蜂胶能保护缺血心脏免受氧化应激损伤，恢复机体内抗氧化酶的状态，减少离体心脏中线粒体中活性氧的产生，保护组织的完整性。Tzankova 等通过体内实验和体外实验发现蜂胶能够恢复谷胱甘肽水平，使血清转氨酶活性恢复正常，恢复肝脏抗氧化酶超氧化物歧化酶和过氧化氢酶的正常功能。Zeitoun 等通过体内实验和体外实验发现蜂胶能够显著缓解角叉菜胶造成的小鼠免疫细胞的渗透和水肿，阻止 LPS 诱导的原核细胞中 COX-2 和 iNOS 的表达，抑制炎症因子 PGE2 和 NO 的释放。巴西绿蜂胶能预防氧化应激引起的细胞凋亡，其中的类黄酮衍生物山奈酚和山奈醇可额外诱导抗氧化剂响应元件介导的转录活性。

Bueno-Silva 等研究了巴西红蜂胶中主要活性成分 Neovestitol（二氢甲氧基苯并吡喃基苯二酚）对由 LPS 诱导的炎症模型的抗炎作用。结果发现，Neovestitol 在 0.22 mM 时可以抑制 60%NO 的产生，同时下调炎症相关因子 GM-CSF、IFN-c、IL-1b、IL-4、TNF-a 和 IL-6 的表达，这与其能调节 NF-κB 和 TNF-α 有着一定的关系。而 Jin 等证明了中国蜂胶可以减轻由软脂酸引起的肝细胞脂肪毒性，有助于细胞恢复和抵抗凋亡。Rimbach 等也证实了是巴西绿蜂胶的抗炎作用而非抗氧化作用延缓了高糖高脂饮食下的小鼠寿命。Williams 等研究发现蜂胶主要活性物质咖啡酸苯乙酯（CAPE）在关节炎、骨质疏松、肠胃炎等都有一定的抗炎作用。而巴西绿蜂胶被报道可以通过抑制 NF-κB 通路的激活来减轻小神经胶质细胞主导的神经性炎症。同时，Zacaria 等对比了绿蜂胶和棕蜂胶对氧化应激引起的炎症环境的影响。体外实验表明，棕蜂胶相对于绿蜂胶具有更强的生物活性，而两者均可以调控炎症反应相关 miRNA（miR-19a-3p 和 miR-203a-3p）和氧化应激相关 miRNA（miR-27a-3p 和 miR-17-3p），但只有棕蜂胶可以调控 mRNA 水平的变化，包括 TNF-α、NFE2L2 和谷胱甘肽过氧化物酶 2 以及 TNF-α 和 NFE2L2 的蛋白水平变化。

Franchin 等总结了巴西蜂胶抗炎的主要分子机制，包括：抑制 TNF-α 等炎性因子和 CXCL1/KC 等趋化因子；抑制 IκBα、ERK1/2、JNK 和 p38MAPK 的磷酸化；抑制 NF-κB 的激活；抑制中性粒细胞黏附和转位。

2.2 抗肿瘤

蜂胶具有良好的抗肿瘤活性，这也是蜂胶一直以来倍受人们关注的生物学活性之一。近年来对蜂胶抗肿瘤活性的报道大多有了相关机制的研究。

Khacha-ananda 等研究了泰国北部（帕劳、清迈和南府）蜂胶乙醇提取物对不同癌细胞（A549 和 HeLa）生长的影响，发现采集于清迈的蜂胶样本具有最强的抗氧化活性和总酚含量，且该蜂胶处理过的癌细胞呈现出明显的 DNA 碎片化和明显的细胞凋亡，并激活内源性 Caspase 酶依赖的细胞凋亡信号通路。口服蜂胶能有效延长荷瘤小鼠的生存时间。Taira 等研究发现，冲绳岛蜂胶对促癌相关激酶 PAK1 具有抑制效果，并能有效抑制人肺癌细胞 A549 生长，同时表现出抑制黑色素瘤形成作用，这些抑瘤效果均与 PAK1 激酶的失活密切相关。巴西红蜂胶提取物可以通过线粒体功能失调和诱导细胞周期阻滞从而有效抑制人肝癌细胞 HepG2 的生长。土耳其蜂胶也表现出对原位乳腺癌细胞系 MCF-7 的抗增值效果，主要抗肿瘤机制为通过增加 MMP 蛋白表达，激活 p53 磷酸化和造成细胞线粒体膜蛋白丢失。阿拉伯蜂胶可以诱导 PANC-1 发生凋亡，细胞周期阻滞和抑制 P-糖蛋白的表达。阿尔及利亚蜂胶乙醇提取物能抑制人前列腺癌 LNCaP 细胞的产生，阻断细胞周期，诱导细胞凋亡，同时降低雄激素受体的积累。Frión-Herrera 等则利用乳腺癌模型检测了古巴红蜂胶对肿瘤生长的毒性作用，发现蜂胶可以通过调控 PI3K/Akt 和 Erk1/2 通路，线粒体膜电位和活性氧的生成来抑制肿瘤的生长。而 Zheng 等研究发现中国蜂胶可以通过诱导凋亡，抑制 NLRP1 相关炎症通路和自噬来抑制黑素瘤的增殖。Braga 等研究了红蜂胶对大鼠结肠癌的影响，发现红蜂胶能够减少大鼠肿瘤前病变，减轻体内氧化应激水平，减少异常隐窝病灶，保护结肠。Falcao 等研究发现摩洛哥蜂胶对肿瘤细胞系具有高毒性，特别是对 HeLa（宫颈癌细胞）和 MM127（人类恶性黑色素瘤细胞），并对摩洛哥蜂胶的主要成分进行研究，发现其中的酚酸衍生物和黄酮醇等化合物是对肿瘤细胞毒性作用贡献最大的酚类化合物。

蜂胶在人乳腺癌 MCP-7 细胞系中表现出显著的抗增殖活性，具有显著的细胞毒性，使细胞周期停滞在 G1 期，通过增加促凋亡蛋白（p21、Bax、p53、p53-ser46 和 p53-ser15）水平，降低 MMP，改变特异性肿瘤抑制子和致癌 RNA 水平，提高 MCF-7 细胞系的凋亡。在动物模型中，通过甲亚硝基脲诱导大鼠产生乳腺肿瘤，蜂胶干预后，肿瘤发病率、肿瘤体积以及肿瘤重量均显著性下降。古巴棕色蜂胶及其主要成分奈莫罗松对结肠癌细胞具有抗增殖作用，奈莫罗松能通过靶向作用 M2 巨噬细胞干扰结肠癌细胞和肿瘤相关结肠癌细胞之间的关系，缓解结肠癌病情的产生及发展。蜂胶对香豆酸和 EGCG 具有 DNMTi 活性，可以逆转肿瘤抑制基因 RASSF1A 的表观遗传沉默。

蜂胶的活性单体一直是抗肿瘤药物开发研究的热点之一。Vukovic 等研究了从蜂胶中提取出的 11 种黄酮类单体对结肠癌细胞和乳腺癌细胞的毒性作用，其中有 6 种有较好的杀伤作用，木犀草素对这两种细胞系表现出了最明显的毒性作用。他们还分离了蜂胶中的黄酮类化合物，并在不同的肿瘤细胞系上分别研究了它们对肿瘤的杀伤效果，其中木犀草素对结肠癌 HCT-116 细胞系的杀伤效果尤为明显，72 小时的 IC_{50} 值为 66.86 μM。Kabala-Dzik 等研究了蜂胶中两种主要成分咖啡酸和咖啡酸苯乙酯（CAPE）对引起三阴性乳腺癌细胞系 MDA-231 生长的抑制作用。结果表明，咖啡酸在 1000 μM 以内对 MDA-231 无任何杀伤效果，而 CAPE 在 48 小时作用时间下，IC_{50} 值为 15.83 μM。同时，CAPE 可以诱导 MDA-231 细胞阻滞在 S 期，并与浓度、时间相关。而咖啡酸仅仅在 50 μM 和 100 μM 两个浓度下有细胞周期阻滞作用。Chang 等研究发现在肿瘤炎性环境下，中国蜂胶乙醇提取物及 CAPE 可以通过抑制 TLR4 信号通路来抑制乳腺癌细胞的增殖。Pai 等则针对蜂胶中有效活性成分 Propolin C 进行了研究，发现 propolin C 可以通过抑制 EGFR 调节的细胞间充质转换从而抑制肺癌的转移与侵袭。Nani 等分离了巴西红蜂胶中的异黄酮，针对其中的 vestitol 和 neovestitol 进行了研究，发现经过 vestitol 处理的 hela 细胞系的 α-tublin 和 tublin 在微管中的表达降低，neovestitol 则降低了组蛋白 H3 的表达。

2.3 抗病原微生物、抗寄生虫

蜂胶具有很好的抗微生物活性，对细菌、真菌乃至寄生虫的生长均有良好的抑制作用，特别是近年来围绕蜂胶抗耐药菌的研究，为开发新的抗生素药物提供思路。并且，蜂胶抑菌活性的研究已逐渐转向在生产上的应用。

变异链球菌（*Streptococcus mutans*）是公认的最主要的口腔致龋菌，同时也是牙菌斑生物膜的重要成分，蜂胶对其具有良好的杀菌作用。Veloz 等进一步对智利蜂胶的抗变异链球菌机制进行了研究，发现智利蜂胶多酚提取物抑制了糖基转移酶（GtfB、GtfC 和 GtfD）基因及其下游调控基因（如 VicK、VicR 和 CcpA）的表达；且蜂胶参与调控了细菌毒力因子 SpaP 的表达。Gomes 等研究了巴西棕蜂胶的体外抗菌活性，他们在 32 种革兰阳性菌、32 种革兰阴性菌上的抗菌实验表明，棕蜂胶对革兰阳性菌的最小抑菌浓度范围为 2.25~18.9 mg/mL；对革兰阴性菌的最小抑菌浓度范围为 4.5~18.9 mg/mL。Grecka 等就波兰地区 20 种蜂胶样品对金黄色葡萄球菌的抑菌能力进行评价，发现蜂胶的抑菌能力与其黄酮类化合物的含量呈正相关。

抗生素的大量使用和滥用所造成的细菌广泛耐药性已成为当今公共健康的重大问题，解决这一问题的重要途径之一即是利用药物协同作用杀灭细菌。Kalia 等利用蜂胶联合传统抗生素头孢克肟（Cefixime）治疗由沙门菌（*Salmonella*）导致的小鼠伤寒。与单独使用头孢、蜂胶处理组相比，联合蜂胶能有效降低头孢的有效作用浓度，增强抗生素的有效性。另外，蜂胶对耐药性细菌，如抗甲氧西林金黄色葡萄球菌的抗菌效果得到了研究人员的广泛关注，而蜂胶的抑菌机制，推测主要与影响其生物被膜有关。Al-Waili 等将伊拉克不同地点采集的蜂胶提取物 A 和 B 混合，其混合物的抗菌性能要优于单一的提取物 A 和 B，同时这一混合物在促进伤口修复上也表现出了良好的功效。这一研究首次证明将不同蜂胶提取物混合可以提升其抗菌和促修复功能。Ranfaing 等报道了蜂胶与蔓越桔提取物对尿道致病性大肠埃希菌（UPEC）的作用，他们的实验结果显示蜂胶可以有效增强蔓越桔提取物对 UPEC 的防治效果。蜂胶与阿米卡星、卡那霉素、庆大霉素、四环素和夫西地酸能协同抑制金黄色葡萄球菌的生长，清除金黄色葡萄球菌的生物膜。Guendouz 等利用摩洛哥蜂胶设计了一种生物复合磁性纳米颗粒，对 MRSA 菌的黏附能力具有良好的干扰作用。El-Guendouz 等报道了蜂胶提取物联合磁性纳米颗粒对耐甲氧西林金黄色葡萄球菌株的抑制作用，结果表明蜂胶纳米复合材料能靶向破坏微生物细胞壁。在工业生产上，Fernandez 等研究发现蜂胶可以选择性地抑制污染酵母，而对酿酒酵母的影响较小，为蜂胶在酿酒工业上的应用提供了依据。

新型隐球菌是一种威胁人类生命的酵母菌，是导致隐球菌致病的常见毒力因子之一。Mamoon 等研究发现蜂胶能以剂量依赖的方式降低黑色素的产生，调控隐球菌黑色素化途径中 CDA1、IPC1-PKC1 和 LAC1 基因的表达，具有很强的抑制隐球菌的活性。蜂胶在 25 μg/mL 的浓度下能使曼氏血吸虫的死亡率到达 100%，改变血吸虫表面发生形态学的改变，在动物模型中，蜂胶能显著降低早期和慢性曼氏血吸虫数量和虫卵产量。

利什曼原虫（*Leishmania amazonensis*）病是由利什曼属的各种原虫所致人兽共患的一种慢性寄生虫疾病，蜂胶对其具有很好的预防治疗作用。da Silva 等采用利什曼原虫诱导小鼠足趾炎症模型，施用 5 mg/kg 巴西蜂胶、10 mg/kg 锑酸葡甲胺（一种抗血吸虫药）、巴西蜂胶联合锑酸葡甲胺，肝脏镜检结果表明，蜂胶处理能显著缓解肝细胞的炎症过程，降低肝脏髓过氧化酶、N-乙酰 -β- 葡糖胺酶水平，缓解肝脏胶原沉积，并提升抗炎症细胞因子的水平，对肝脾肿大也有一定的缓解作用。

2.4 血糖调节及抗糖尿病

蜂胶具有良好的血糖调节和糖尿病防治功效，被广泛用于糖尿病的预防和辅助治疗。

Samadi 等研究了蜂胶对 2 型糖尿病的血糖控制、血脂和胰岛素抵抗的调节作用。结果发现，每日摄入 900 mg 蜂胶，连续 12 周，可以在一定程度上控制血糖和血脂水平。Gao 等也发现在给 2 型糖尿病病人喂食中国蜂胶（900 mg/d），持续 18 周后，虽然血糖、糖化血红蛋白、胰岛素、醛糖还原酶等指标与对照组没有显著变化，但血清 GSH 浓度、黄酮、多酚类浓度都明显增加，血清乳酸脱氢酶的活性被显著抑制，表明中国蜂胶可以有效增强 2 型糖尿病病人体内的抗氧化能力。而 Nie 等研究发现 CAPE 可以在小鼠糖尿病模型和 HepG2 细胞上通过抑制 JNK 和 NF-κB 炎性通路来改善胰岛素抵抗。

动物实验数据也进一步佐证了其他地区蜂胶对大鼠糖尿病模型有一定的缓解效果。Chen 等研究发现台湾绿蜂胶乙醇提取物可以延缓 2 型糖尿病的病程。他们通过链脲霉素和高脂饮食联合造大鼠 2 型糖尿病模型，发现台湾绿蜂胶乙醇提取物可以缓解 B 细胞的损伤，同时降低体内炎性和活性氧的生成。值得一提的是，与巴西绿蜂胶不同，台湾绿蜂胶可以增加 *PPAR-α* 和 *CYP7A1* 基因表达量，这也意味着台湾绿蜂胶对脂质体代谢有一定的调节作用。Nna 等和 Peng 等分别检测了马来西亚蜂胶和中国蜂胶对链脲霉素诱导的 2 型糖尿病大鼠的影响。结果表明马来西亚蜂胶服用后可以降低由链脲霉素引起的高空腹血糖和肝损伤的血清标志性产物，减少体内炎性因子的产生等；而中国蜂胶可以显著增加胰岛素敏感性，减少胰岛素抵抗，同时，空腹血糖值、糖化血红素、糖化血清蛋白水平均明显降低。

Cho 等研究发现蜂胶中的某些酚类化合物，可通过激活 FFA4 影响能量稳态控制，从而达到维持血糖平衡的目的。Afsharpour 等报道每天服用 1500 mg 蜂胶有助于更好地控制血糖状况，可作为糖尿病患者的辅助治疗。Xue 等研究发现蜂胶能够有效降低空腹血糖，提高胰岛素敏感性，并从肠道微生物变化角度阐述蜂胶缓解高血糖病情的机理，发现蜂胶能改善糖尿病引起的肠道微生态紊乱，增加肠道微生物群代谢产物，如短链脂肪酸的产生，修复糖尿病大鼠的肠黏膜损伤，这可能是蜂胶改善高血糖的机制之一。刘颖等的研究证明蜂胶可以通过修复肠黏膜屏障发挥降血糖作用。

此外，研究表明中国蜂胶能减轻高脂饮食小鼠的体重，改善由肥胖引起的胰岛素抵抗，通过增强脂质分解代谢和线粒体生物生成相关的 mRNA 的表达，抑制炎症标志物相关的 mRNA 的表达，激活 Nrf2 应答元件和 Nrf2 DNA，调控由肥胖引起的炎症反应。对肠道菌群的 16S rRNA 分析表明，中国蜂胶增加如玫瑰松属、肠杆菌属等抗肥胖和消炎细菌，改善小鼠胰岛素抵抗和肥胖。巴西绿蜂胶的主要成分——阿替匹林 C 可以通过与肌酸代谢相关的途径诱导白色脂肪组织中米色脂肪细胞中的热生成，从而起到缓解肥胖作用。

2.5 免疫调节

蜂胶和蜂胶中的有效活性成分对机体免疫系统有着良好的调节作用，能协助维持机体免疫系统的动态平衡与相对稳定。

Sampietro 等研究了 15 个来源于阿根廷北部蜂胶的免疫调节活性，同时采用高良姜素、松属素作为标准活性物质作为参考，研究了它们对中性粒细胞的趋化作用与吞噬能力的影响。结果发现有一半的阿根廷蜂胶在 40 μg/mL 浓度时即表现出强于同浓度高良姜素、松属素的效果；对中性粒细胞的趋化、吞噬作用提升明显。Saavedra 等研究了智利蜂胶及智利蜂胶中的主要活性黄酮——松属素对巨噬细胞的影响，发现智利蜂胶及松属素均能有效抑制金属蛋白酶 MMP-9 的基因表达，并呈剂量依赖关系；且蜂胶的效果较松属素更强，提示蜂胶中其他多酚类化合物可能与松属素之间有协同作用。朱旭等研究发现，蜂胶黄酮能刺激小鼠脾淋巴细胞的增值、转化，促进小鼠迟发型变态反应，且作用随着剂量的增加而增强。

Brilhante 等研究发现单独使用巴西红蜂胶醇提物具有特异性的细胞免疫应答免疫刺激特性，与重组蛋白 rCP01850 联合使用可诱导细胞和体液免疫应答，并能显著提高接种小鼠的存活率。Medjeber 等研究发现蜂胶乙醇提取物可以降低乳糜泻患者的一氧化氮浓度和 IFN-γ 含量，但相对增加了 IL-10 的浓度，因此他们猜测蜂胶乙醇提取物可以通过免疫调节作用来治疗乳糜泻。Dos Santos Thomazelli 等将感染了利什曼原虫健康的 PBMC（人源性外周血单个核细胞）和利什曼病人的 PBMC 用 5 μg/mL 和 25 μg/mL 的巴西蜂胶处理。结果表明，巴西蜂胶的预处理对两种细胞都有一定的免疫调节作用，能显著上调 IL-4 和 IL-17 并下调 IL-10，表明巴西蜂胶可以减轻炎性反应，控制疾病的发展。

2.6 胃肠道保护

蜂胶的胃肠道保护作用近年来已成为研究人员关注的新的热点领域。

Wang 等利用人肠上皮 Caco-2 细胞模型、大鼠动物模型研究了蜂胶多酚提取物对肠道屏障功能的影响。在人肠上皮 Caco-2 细胞上，蜂胶多酚提取物显著提升了肠跨膜电阻阻值，并降低了荧光黄渗透率。蜂胶多酚提取物能上调紧密连接基因 occludin 和 ZO-1 的表达。激光共聚焦显微镜检查表明，蜂胶多酚提取物处理肠上皮细胞中紧密连接相关蛋白 occludin 和 ZO-1 表达上调明显，进而发现蜂胶多酚提取物能激活 AMPK、ERK1/2、p38

和 Akt 信号通路。通过使用特异性信号通路抑制剂处理细胞后发现，AMPK 和 ERK1/2 信号通路被抑制会导致蜂胶多酚提取物提升肠道屏障功能的效果消失。大鼠日粮中添加 0.3% 蜂胶能显著提升结肠上皮 ZO-1 基因的表达。Abdul-Hamid & Salah 的研究发现蜂胶能有效缓解氨甲蝶呤导致的回肠急性毒性。Costa 等关注了巴西绿蜂胶中 5 种功能活性单体对胃溃疡的防治功效，结果显示阿替匹林 C、3- 异戊烯 -4- 羟基肉桂酸、aromadendrin-4'-O-methyl-ether 和茨非素这 4 种成分都能有效地缓解胃溃疡，包括降低超氧化物歧化酶、过氧化氢酶和谷胱甘肽 S 转移酶的活性等。

Wang 等检测了来自不同地理来源（巴西和中国）蜂胶的化学组成，并针对其在肠炎过程中的抗炎效果进行了研究。发现巴西蜂胶和中国蜂胶均可以通过降低肠道内氧化应激反应，调节肠道菌群分布等显著缓解由 DSS 诱导的急性结肠炎。Costa 等研究发现巴西绿蜂胶中的阿替匹林 C、drupanin、aromadendrin-4'-O-methyl-ether 和山奈素具有多重保护胃健康作用，其作用原理包括增强超氧化物歧化酶、过氧化氢酶和谷胱甘肽 -s- 转移酶的活性和降低髓过氧物酶的活性。Tambuwala 等研究发现蜂胶中的主要活性成分 CAPE 可以逆转大肠炎中结肠长期炎症导致的纤维化。而 Khan 等则研究发现，经过 CAPE 喂食的溃疡性结肠炎小鼠的肠道屏障相对于对照组更为健康，拥有更低的 DAI 和炎性指标，同时显著降低了炎性因子和 MPO 水平。

2.7 神经保护

氧化应激和突触功能障碍是神经损伤疾病的主要成因，蜂胶及其活性成分具有神经保护作用。Ni 等在已知巴西绿蜂胶能改善居住在高纬度的轻度认知障碍患者认知情况的前提下，进一步探究了其机制。结果发现巴西绿蜂胶显著降低了 H_2O_2- 对

SH-SY5Y 的细胞毒性，且进一步减少了刺激过程中产生的活性氧和 8- 氧代 -2- 脱氧鸟苷，通过 PI3K 增加了 Arc 蛋白的表达，这进一步表明了蜂胶在老年痴呆等神经退行性疾病中应用的前景。肌萎缩侧索硬化占了神经退行性疾病很大一部分，而巴西绿蜂胶及其活性成分山奈素、山奈酚可以抑制突变型铜锌超氧化物歧化酶对神经造成的毒性。进一步实验表明，山奈酚可以通过激活 AMPK 通路引起细胞自噬。这些结果都说明了巴西绿蜂胶在治疗肌萎缩侧索硬化中的潜在利用价值。Abd El-Aziz 等和 Oumeddour 等研究发现蜂胶能缓解硅酸铝导致的严重染色体畸变和基因表达的变化，显著减少硅酸铝对小脑组织的神经毒性作用。

帕金森病（PD）患者表现为非运动和运动症状。自主性心血管失调是一种常见的非运动性表现，与疾病风险增加有关。蜂胶可以减轻由 6- 羟基多巴胺损伤的大鼠黑质神经元损伤，减少纹状体纤维变性，对帕金森大鼠具有心脏保护和神经保护作用。CAPE 对蛛网膜下腔出血后早期脑损伤有预防作用，对减少脑血管痉挛有积极作用。

2.8 促进伤口愈合

蜂胶具有出色的抗炎杀菌效果，因此越来越多的研究人员开始将其应用于创口愈合研究领域。

Corrêa 等研究发现巴西红蜂胶能通过下调炎性转录因子 NF- κ B 和相关炎性因子来加速小鼠伤口愈合，创面相较于对照组中性粒细胞和巨噬细胞更少。Rosseto 等运用纳米结构脂质系统将蜂胶残渣应用于伤口愈合药物设计。同时，蜂胶的抗氧化效果在伤口愈合中也有很好的效果。Cao 等研究发现中国蜂胶乙醇提取物可以通过调控抗氧化相关基因表达从而有效降低皮肤纤维细胞中活性氧累积，促进伤口愈合。

Krupp 等将天然胶膜与蜂胶水溶液相结合，作用于大鼠烧伤模型，发现该复合膜能够促进伤口愈合，产生胶原蛋白，促进上皮的形成，是一种理想的烧伤敷料。对于肌肤划伤，Martinotti 等研究发现蜂胶能明显增加角质细胞的伤口修复能力，刺激角质细胞聚集，促进伤口的愈合，其中 H_2O_2 是蜂胶发挥愈合作用的主要介质之一，机体体内释放的 H_2O_2 可以通过一种特殊的水通道蛋白（AQP3）穿过质膜，调节细胞内反应。

2.9 生殖系统保护

随着经济的发展，工作压力、环境污染等对人类生殖系统产生了许多不利影响，对优生优育，提高生殖健康的需求也越来越迫切。

Baykalir 等研究了蜂胶对环孢霉素（cyclosporine）诱导大鼠精子质量与生殖器官发育的影响，结果表明，蜂胶能有效缓解由环孢霉素导致的精子活力、数量的下降，但对睾丸重量没有显著影响，同时对睾丸 MDA、GSH 和 CAT 含量有明显的调控作用。Cilenk 等研究了蜂胶对重金属元素镉诱导的大鼠生殖毒性的缓解作用。结果表明，镉会缩小大鼠精曲小管直径、影响管状活检得分和降低睾酮含量，同时会促进睾丸组织 HIF-A 和 MDA 水平，并诱导精原细胞凋亡，而蜂胶会缓解这些由重金属诱导导致的睾丸生殖毒性。此外，在甲氨蝶呤诱导雄性大鼠睾丸损伤模型实验中，蜂胶也表现出良好的抗氧化与抵御生殖细胞凋亡的效果。

2.10 其他活性

除了上述常见的蜂胶生物学活性研究外，蜂胶对于肝脏、肾脏等器官的保护作用、抗光老化等活性也受到关注。

对于双酚 A 引起的啮齿动物的肝脏纤维化，蜂胶能通过降低 IL-1β 与 IL-10 的比例改善体内炎症状态，增加肝细胞中 B 细胞淋巴瘤的免疫表达和降低肝脏 Capase-3 的含量发挥凋亡作用。蜂胶还可以通过下调基质金属蛋白酶 -6 和上调基质金属蛋白酶 -2 组织抑制因子的基因表达，改善细胞外基质翻转。六价铬 [Cr（Ⅵ）] 化合物已被证明在人和动物中诱发与氧化应激相关的肾毒性，通过肌酐清除率评估肾小球滤过性的急剧下降，蜂胶通过改善铬酸盐的毒性作用，显示出对色素致肾毒性的保护潜力。蜂胶在处理重铬酸钾引起的肾毒性中是一种有效的化学保护剂。Ebadi & Fazeli 利用 UVB 辐射的真皮成纤维细胞研究了蜂胶的抗光老化作用，证明其机制包括上调 FOXO3A 和 NGF 基因的表达量。黄莺莺等研究发现，蜂胶可通过清除活性氧 ROS 和抑制胶原等胞外基质的降解从而达到抗光老化的效果。

3 蜂胶质量控制研究进展（略）

4 蜂胶提取加工工艺研究进展（略）

4.1 蜂胶在医疗上的应用

蜂胶具有丰富的活性物质和广泛的生理药理活性，在医疗领域具有广阔的应用前景。

Esposito 等研究了蜂胶口服液在临床上的治疗效果，发现可改善呼吸道感染患者细菌性和病毒性症状。AL-Hariri & Abualait 等利用大鼠伤害性疼痛模型，证明了巴西绿色蜂胶醇提取物可显著抑制乙酸引起的疼痛，显著提高针对红外和福尔马林测试的疼痛阈值。

除了直接使用蜂胶提取物外，更多的研究将蜂胶处理成新型材料，新型蜂胶材料被证明具有更好的生物学活性，应用范围更广泛。Afrasiabi 等将叶绿素 - 藻蓝蛋白混合物或甲苯胺蓝与蜂胶纳米颗粒联用，可协同增强对变形链球菌的光动力抗菌。Ceylan 等合成了一种明胶、海藻酸钠、壳聚糖（GEL/SA/CS）负载蜂胶乙醇提取物的新型 pH 敏感水凝胶珠,研究体外释放和不同 pH 条件下的溶胀行为,发现可作为蜂胶的可控释放载体用于治疗口腔黏膜炎、胃溃疡、溃疡性结肠炎等胃肠道疾病。González-Masís 等研究发现将蜂胶纳米颗粒注入胶原蛋白支架,会影响胶原蛋白变性温度和拉伸强度,且胶原蛋白支架的性质取决于蜂胶纳米颗粒的浓度,可用于再生医学。Elnaggar 等制备新型大肠菌素壳聚糖纳米粒子,与蜂胶提取物整合,以解决细菌对大肠菌素的抗性,结果表明合适的纳米载体可将细菌从对大肠菌素耐药的细菌还原为对大肠菌素敏感的细菌,可作为肺炎治疗中潜在的抗菌剂。Eskandarinia 等制备了 3 种不同浓度的蜂胶乙醇提取物,采用聚氨酯 - 透明质酸(PU-HA)纳米纤维创面敷料,结果表明富集 1wt% EEP 的 PU-HA 纳米纤维支架具有良好的生物相容性、创面愈合能力和抗菌活性,可作为生物医学应用的候选材料。

4.2　蜂胶在口腔保健上的应用

蜂胶具有良好的抗菌活性、抗炎活性和生物相容性,在口腔保健领域应用广泛。

Salehi 等研究了蜂胶片在临床上的治疗效果,发现蜂胶能够有效改善口腔环境,预防口腔黏膜炎的发生。Savita 等也在临床实验中证明了蜂胶能够改善牙龈炎的症状,20% 的蜂胶漱口水的效果和 0.2% 的氯己定效果相当。张翠平等比较了蜂胶口腔护理液和常见的口腔护理产品对多种细菌的增殖抑制作用,发现该口腔护理剂对大肠埃希菌、金黄色葡萄球菌和白色念珠菌的抑制效果显著。Furtado 等在临床研究中发现含有巴西红蜂胶的牙粉对变形链球菌、革兰阴性菌具有较好的抑菌作用,在正畸治疗期间降低了边缘出血指数。

Rojaramya 等研究证明了蜂胶 - 氧化锌混合物可作为乳牙根管充填的替代材料。Yun Kyon 等研究发现山竹和蜂胶复合提取物显著降低了永生化人牙龈成纤维细胞的炎性细胞因子水平，可用于牙周病的防治。Nakao 等在临床试验中证明蜂胶治疗能够显著改善牙周炎患者牙周袋的探袋深度和临床附着水平，并有助于减少龈沟液中牙龈菌负担，可作为慢性牙周炎的替代治疗选择。Roelianto 等研究发现蜂胶提取物比氢氧化钙对牙本质表面的适应性和封口性更好。Raheem 等将埃及蜂胶封装在聚合物纳米颗粒中，并评估密封能力和体内生物相容性，结果表明蜂胶纳米密封剂具有较好的生物相容性、更高的细胞再生和组织增殖潜力，可作为一种新型根管封闭剂用于牙齿治疗。Abdallah 等将蜂胶乙醇提取物掺入陶瓷增强玻璃离聚物，发现用 50%（v/v）蜂胶改性可提高陶瓷增强玻璃离聚物的机械性能，但不会损伤美观性，因此用 50%（v/v）蜂胶改性的陶瓷增强玻璃离聚物可作为一种牙科修复材料。Gargouri 等研究发现富含蜂胶的木糖醇口香糖能以胞内方式增强脱矿牙本质的生物矿化，形成一种不同于羟基磷灰石封闭牙小管的矿物化合物，可作为牙本质调理剂、改善牙本质粘结的生物材料和再矿化剂。

龋齿是一种严重的慢性牙齿公共健康问题，蜂胶具有很强的抑菌活性，能有效抑制龋齿致病菌——白色念珠菌菌丝的形成，引起细胞膜和细胞壁的损伤，降低白色念珠菌的代谢活性。研究表明，添加 2.5% 巴西红蜂胶到牙齿保护漆中，可有效抑制变形链球菌，预防龋齿。Elgendy 等研究发现，纳米蜂胶相对于传统蜂胶，对牙髓干细胞具有更小的毒性，DNA 碎片相对也更少，具有一定的应用价值。吉俊盈和陈青宇探究了蜂胶在慢性牙周炎中的应用前景，而蜂胶因为具有丰富的药理活性既可以抑菌又可以保护牙周组织，可以促进牙组织修复。Piekarz 等将 51 位齿龈健康程度不同的病人分成实验组和对照组，实验组每日用的牙膏含有蜂胶提取物，在试验开始后 7 天和 28 天时观察两组结果，发现含有蜂胶提取物的牙膏能够有效控制口腔微生物群。巴西红蜂胶能降低与牙龈疾病相关细菌的代谢活性，减少细菌数量。在处理7天后，巴西红蜂胶对生物膜病原体的杀灭效果与阿莫西相当，可以替代阿莫西作为牙周治疗的辅助药物。

4.3 蜂胶在伤口愈合上的应用

蜂胶因其抑菌、抗炎等生物活性，在伤口愈合上的应用具有广阔的前景。

Bayrami等利用蜂胶提取物生物合成新型ZnO/Ag/Ext纳米复合材料，发现将其涂敷在纱布上有利于伤口愈合。Loureiro等开发了一种含有红蜂胶提取物（HERP）的黏合剂聚合膜伤口敷料，通过对HERP膜进行表征研究，发现0.5%的HERP膜在伤口应用研究中具有潜力。Stojko等采用静电纺丝法制备蜂胶-聚（乳酸-乙二醇）共聚物创面敷料，具有更好的性能，可作为严重烧伤的伤口敷料。Baygar将生物金属纳米银用原位工艺浸渍在含有蜂胶的丝缝线上，发现其对致病性革兰阴性和革兰阳性菌、大肠埃希菌和金黄色葡萄球菌具有抗菌活性，与3T3成纤维细胞具有生物相容性，可刺激成纤维细胞增殖。Voss等利用糖尿病小鼠模型，证明了含有蜂胶的纤维素敷贴能够有效治疗糖尿病引起的创口，并明显降低细菌活性等。Ibraheim & Hayder用犬作为实验动物，发现蜂胶能够明显减少创口的感染，并且能够加速伤口的愈合。

4.4 （略）

4.5 蜂胶在食品上的应用

良好的抗氧化活性和抑菌能力使蜂胶能在一定程度上取代工业用化学添加剂，作为天然添加剂受到人们的广泛认可。

Safaei & Azad使用以蜂胶提取物为活性剂的聚乳酸膜包装干肉肠，发现对细菌特别是革兰阳性菌有较好的抑制作用。Santos

等评价了用红蜂胶提取物生产的酸奶，结果表明其与商业酸奶对照组在口味、质地、香气方面基本一致，具有商业化潜力。Coban 等使用添加了蜂胶提取物的茨欧鼠尾草胶浆涂料浸涂鲈鱼片，保质期可达 20 天，可作为加工鱼类冷藏过程中的安全替代防腐剂。Alsayed 等研究了蜂胶对食源性酵母菌的抑菌作用，生化分析结果显示蜂胶可作为天然食品防腐剂代替目前使用的化学防腐剂。Rivero 等开发了一款含有蜂胶和蜂蜜的果冻，超过 90% 的消费者在接受度问卷中表示喜欢，且此果冻的抗氧化能力远高于同类商品。Viera 等研究了利用蜂胶作为防腐剂对意大利香肠的保鲜效果，在意大利香肠加工过程中，采用 0.5%、1.0% 和 2.0% 蜂胶添加量作为防腐剂，检测在 4℃贮藏条件下 56 天后嗜热微生物、常温微生物的繁殖情况，发现蜂胶处理加工后的香肠中所有细菌均符合巴西食品安全标准，并提高了香肠的货架期。

橙汁是广泛流行的饮料，为了延长保质期，目前市场上会添加一些食品添加剂（防腐剂），长期摄入防腐剂可能对健康会有不利影响。Yang 等的研究证明，蜂胶作为一种天然的蜂产品能够取代防腐剂添加到果汁中有效地延长产品的保质期。Athanasia 等将水溶蜂胶添加到桔子汁中，能够减缓果汁中维生素 C 的降解，并且能够抑制细菌的增殖。

Thamnopoulos 等将蜂胶加入到牛奶里，发现在冷藏的情况下，具有很强的抗李斯特菌活性，证明蜂胶是一种潜在的饮料添加剂。EL-Demery 等比较了蜂胶和姜黄粉作为牛肉馅的添加剂，发现能够显著降低细菌数并提高抗氧化活性，而且蜂胶比姜黄粉的效果更好。Marino 等也发现添加了蜂胶的壳聚糖溶液浸泡牛油果 1 分钟，能够抑制炭疽病菌的生长。

Pires 等研究发现将鸡蛋浸润至含有蜂胶的溶液中 1 分钟后，能够在更长时间保持鸡蛋的质量。Santos 等把红蜂胶添加到酸奶中用来替代食品添加剂山梨酸钾，制成的蜂胶酸奶在外观、黏稠度、风味以及顾客接受度上均显示出与普通酸奶无明显差异。Cristiano 等将低浓度的巴西绿蜂胶醇提取物添加到芝士中，能够在不影响芝士风味的提前下，抑制微生物的活动。刘小霞等将蜂胶和蜂蜡制成复合涂膜剂，可明显提高圣女果贮藏期品质。但由于蜂胶具有特殊的气味和苦涩的口感，一定程度上阻碍了蜂胶在食品上的应用。

4.6 蜂胶在畜禽养殖上的应用

奶牛乳腺炎是奶牛业最常见、危害最严重的疾病之一，它不仅影响产奶量，造成经济损失，而且影响牛奶的品质，危及人类的健康。Wang 等采用奶牛乳腺上皮细胞（MAC-T 细胞系）作为研究对象，利用多种乳腺炎病原物诱导建立细胞炎性损伤模型，研究了蜂胶对奶牛乳腺炎的防治作用。大肠埃希菌内毒素（脂多糖），热灭活后大肠埃希菌提取物、热灭活后金黄色葡萄球菌均能导致细胞活力的显著下降，而肿瘤坏死因子和金黄色葡萄球菌内毒素（脂磷壁酸）却不能导致细胞活力的下降。蜂胶预处理能有效缓解各乳腺炎病原物诱导细胞活力的丧失。此外，与乳腺炎病原侵染过的细胞相比，蜂胶处理能显著上调细胞抗氧化基因 *HO-1*、*Txnrd-1* 和 *GCLM* 的表达。蜂胶及其多酚类活性成分（主要为 CAPE 和槲皮素）能有效抑制炎症相关转录因子 NF-κB 的激活，并提高细胞防御相关转录因子 Nrf2-ARE 的活力。

抗生素和药物滥用是当前畜禽养殖面临的严重问题，蜂胶作为一种天然的饲料添加剂受到研究者的关注。Hassan 等将蜂胶作为补充剂添加到肉鸡的口粮中，能够显著提高其生长性能并提升肉鸡的免疫能力。Nascimento 等将红蜂胶作为诱导剂添加到绵羊的窦前卵泡培养基里，当蜂胶浓度为 20 ng/mL 时，能够显著促进胚腔的形成，提高线粒体的活性以及谷胱甘肽的含量。陈佳亿等研究发现饲粮中添加 1.0% 蜂胶残渣能改善黄羽肉鸡的屠宰性能和鸡肉品质。Abdel-Kareem 等将蜂胶添加到蛋鸡的日粮当中，发现蜂胶能够提高产蛋量及平均蛋重，而其蛋的质量有明显提高。Zhandi 等将蜂胶中的有效成分柯因添加到公鸡的饲料中，发现能够明显提升公鸡精子的质量，并且能够有效降低冻存对精子的损伤。Mehaisen 等的研究发现，含有蜂胶的日粮能够减轻鹌鹑的热应激反应，并提高生产效率。马霞等研究结果表明蜂胶能够有效抑制猪细小病毒，而且蜂胶经纳米化处理后其抗 PPV 活性显著提高。王留和张代研究了蜂胶提取物对蛋雏鸡免疫器官指数和腹腔巨噬细胞活性的影响，发现 10 日龄蛋雏鸡颈部皮下分别注射质量浓度为 20 mg/mL 和 40 mg/mL 的蜂胶乙醇浸提液 0.2 mL 能显著提高蛋雏鸡胸腺、法氏囊、脾脏指数和腹腔巨噬细胞吞噬率，具有促进和调节机体免疫功能的作用，并能加强机体吞噬细胞的吞噬作用。

4.7 （略）

4.8 （略）

5 蜂胶应用研究进展（略）

6 结语

近年来国内外蜂胶的研究与开发如火如荼，是蜂产品乃至天然产物研究与开发的热点之一，不仅论文数量多，而且研究的深度也逐年提升，围绕蜂胶的植物来源、化学成分、生物学活性及其应用等方面的研究内容越来越丰富，研究范围越来越广泛。就蜂胶生物学活性研究而言，热点主要集中于蜂胶的抗氧化、抗菌、抗炎、抗肿瘤活性等方面，越来越注重其作用的分子机制研究；蜂胶质量控制的研究热点集中于利用最新的仪器分析手段来研究不同植物来源和地理来源蜂胶的化学成分，进而实现蜂胶及蜂胶产品的溯源及质量控制。此外，基于蜂胶的生物学活性，结合纳米化等材料技术的应用，以提高蜂胶的生物利用度和应用范围，围绕蜂胶在医疗保健、食品、日化及农牧业上的应用研究也呈显著上升趋势。可以预见，随着蜂胶的基础研究和应用研究的不断深入，蜂胶的开发利用前景将越来越广阔。

附录 2

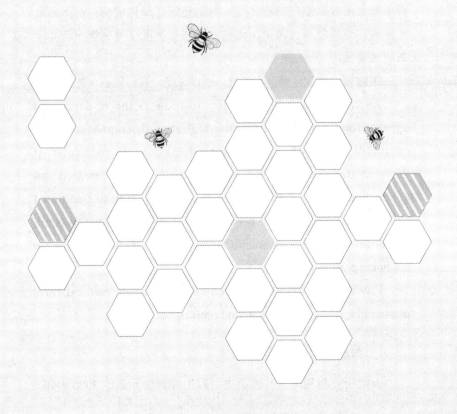

2023 第 4 届国际蜂疗大会论文

浅论蜂胶医疗保健与复方增效

吕泽田[1]　卢岗[2]

（北京天恩生物工程高新技术研究所[1] 北京 100081）

（江苏天恩生物工程有限公司[2] 南京 210006）

摘　要：本文简介了蜂胶在国内外研究与应用概况，重点强调了蜂胶医疗保健的突出作用。特别论证了蜂胶研究与应用的发展方向，即应将其纳入中医之道，加强研发复方增效型中药类产品的必要性。

关键词：蜂胶　研究与应用　医疗保健　突出优势　复方增效

Abstract: This article briefly introduces the research and application of propolis at home and abroad, emphasizing the outstanding role of propolis in medical care. In particular, it demonstrates the development direction of propolis research and application, that is, it should be included in the way of traditional Chinese medicine, and the necessity of strengthening the research and development of compound and synergistic traditional Chinese medicine products.

Key words: propolis, research and application, medical care, outstanding advantages, compound prescription

1　蜂胶国际化研究与应用

人类研究和利用封装的历史可以追溯到公元前的 3000 多年，

到了现代医学阶段，通过国际化的深入研究与临床应用，蜂胶在免疫调节、抗菌消炎、抗氧化、调节血脂、调节血糖、防癌抗癌、保护肝脏、保护胃肠道、促进伤口愈合、治疗创伤烧伤等方面的作用；蜂胶具有显著的调节血脂血糖活性的作用得到了世界公认。蜂胶抑菌作用具有广谱性、安全性和经济性、被誉为"血管的清道夫"等。

我国对蜂胶的研究，始于 20 个世纪 50 年代初期。1996 年~2001 年，蜂胶研究的课题，被连续列入国家"九五""十五"重点科技攻关项目和国家"948"重点产业化推广项目，极大地推动了蜂胶在我国药用与保健养生的应用。

2023 年 11 月 23 日，由中国作为项目负责人，有巴西，法国，德国，土耳其、新西兰、印度等 25 个国家参与制定的世界首部《蜂胶国际标准》（ISO/FDIS 24381），获得国际标准化组织成员国全票通过，凸显了蜂胶在世界范围内享有广泛的国际性和重要地位。

2 蜂胶医疗保健的突出作用

2.1 蜂胶的医疗作用

1999 年《中华本草》肯定了蜂胶具有十个方面的作用，明确了蜂胶"没有毒副作用"。《中华人民共和国药典》（2005 版）法定了蜂胶具有"抗菌消炎、调节免疫、抗氧化、加速组织愈合、用于高脂血症和糖尿病的辅助治疗"的功效；《中华人民共和国药典》（2010 版）又法定了蜂胶："补虚弱、化浊脂、止消渴；外用解毒消肿，收敛生肌。用于体虚早衰、高脂血症、消渴；外治皮肤皲裂，烧烫伤"。

2.2 蜂胶的保健作用

截至 2019 年，国家批准的蜂胶类保健食品约 1427 件，占保健食品总数 8.5%；批准的保健功能 17 个（见下表），占可申报的 27 个保健功能的 63%。可见，蜂胶在保健养生方面具有广泛作用。

蜂胶类保健食品的保健功能

序号	保健功能	序号	保健功能
1	增强免疫力（免疫调节）	10	对化学性肝损伤有辅助保护作用
2	辅助降血糖（调节血糖）	11	改善胃肠道功能
3	辅助降血脂（调节血脂）	12	润肠通便
4	抗氧化	13	对辐射危害有辅助保护功能
5	抗突变	14	清咽润喉
6	辅助抑制肿瘤（抑制肿瘤）	15	美容
7	延缓衰老	16	祛黄褐斑
8	抗疲劳（缓解体力疲劳）	17	减肥
9	改善睡眠		

∃ 蜂胶的突出优势作用

3.1 高效的广谱抗菌消炎作用

1987~1990 年，北京蜂产品研究所进行了"蜂胶提取物对细菌作用的实验研究"，分别用蜂胶提取物与青霉素、链霉素、庆大霉素、磺胺粉，对细菌、真菌、霉菌和金黄色葡萄球菌、溶血性链球菌进行抑制试验。结果表明，蜂胶的抑菌作用几乎涵盖了霉素类、磺胺类抗生素的全部抑菌范围，尤其对金黄色葡萄球菌的抑制作用是其他抗菌类药物所不及。可见，蜂胶被誉为"天然广谱抗生素"名副其实。

例：糖尿病患者莫某，2015 年患严重的糖尿病足坏疽，伤口溃烂，久不愈合，经在市第四医院住院治疗，没有任何效果。

最后，医生诊断可能要截肢。万般无奈，他尝试用蜂胶液先在溃烂边处涂抹，没想到第二天涂抹处竟然结痂。于是用蜂胶液大面积涂抹，每天 2 次，第 28 天，患者腿、足所有溃烂处均结痂。医生惊奇地说，没想到蜂胶对糖尿病坏疽竟有这么好的效果，居然保住了患者可能被截掉的一条腿！不久，江苏盱眙也出现了相同效果的病例，证实了蜂胶具有高效广谱的抗菌消炎作用。

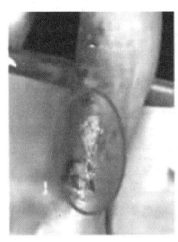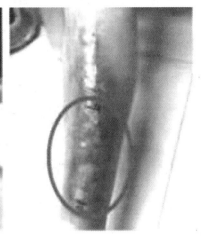

3.2 超常的抗氧化作用

自 20 世纪 30 年代发现自由基过氧化效应以来，世界上很多科学家对其进行了深入研究，证明人体衰老、色素色斑形成、心脑血管疾病、糖尿病、肝硬化、炎症、癌症、息肉、肌瘤等 80 余种疾病与自由基氧化效应密切相关。

国家"九五"重点科技攻关项目组，在"蜂胶抗氧化作用研究"中，用蜂胶与香蕉、红葡萄、桃子、苹果、葡萄干、樱桃、橘子、萝卜、银杏叶、黑山莓、花粉等多种有抗氧化能力的对比物进行了抗氧化能力对比实验。结果证明，如果抗氧化能力满分是 10000 分的话，那么蜂胶的抗氧化能力高达 9674 分，是花粉

的 40 倍、黑山莓的 59 倍、萝卜的 125 倍、香蕉的 1934 倍，蜂胶的抗氧化能力首屈一指，无可替代。

3.3 对心脑血管的突出作用

贾峰"蜂胶药用机理与功效"研究成果证实，"蜂胶具有明显地降低血清甘油三酯、血液黏度、血清黏度、红细胞集聚、纤维蛋白质和血小板黏附聚积等血液流变学的作用。连续服用蜂胶，不仅可以减少过氧化脂质对血管的危害，阻止血管硬化，而且可以有效降低甘油三酯含量，减少血小板的凝聚，改善微循环，降低高血压"，印证了蜂胶为什么被誉为是"血管的清道夫"。

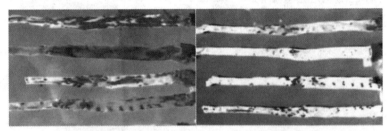

图 1　高脂血症新西兰兔主动脉　图 2　蜂胶防治组新西兰兔主动脉

4　蜂胶复方化的发展方向

4.1　国家的高度重视与要求

2009 年，国务院第 86 次常务会议通过的 2009-40 号文件中要求"在蜂产品等领域，加大品牌整合培育力度，加快技术含量和附加值高的产品开发，拓展国内外市场"。2016 年，国务院《中医药发展战略规划纲要（2016—2030 年）》（国发〔2016〕15 号）"鼓励中医药机构充分利用生物、仿生、智能等现代科学技术，研发一批保健食品"。看来，研发蜂胶中药类保健食品势在必行。

4.2　以科学的态度对待蜂胶

蜂胶是好东西，但也不是可以包治百病的灵丹妙药。蜂胶对某些疾病有局限性，对某些疾病没有作用。应将蜂胶应用纳入到中医药理论体系，使蜂胶的应用升华到一个新的境界和新的高度。

4.3　打破蜂胶产品的发展瓶颈

目前，蜂胶产品技术含量和附加值低，低水平重复严重，无法满足多样化需求，已成为制约蜂胶产品发展的瓶颈。因此，复方增效的配方设计是蜂胶类产品的发展方向，应该提倡和推广。蜂胶的研究应用如果脱离开中医、中药，就会成为无源之水、无本之木。

5　蜂胶复方增效是中国独有的优势

从20世纪90年代中期始，我们遵循中医理论、坚持辨证施治、阴阳调和、标本兼治原则，以蜂胶为主，分别与蜂王浆、蜂王胎、玉米花粉；灵芝、黄芪、苦瓜、葛根、葡萄籽、银杏叶、绞股蓝、刺五加、枸杞子、西洋参等中药材，以及维生素E、吡啶甲酸铬组方，相继研发出抑制肿瘤、免疫调节、辅助降血糖、辅助降血脂、抗氧化、抗疲劳、抗缺氧、对化学性肝损伤有辅助保护功能的中药类保健食品，经动物和人体试验，均取得了比单方蜂胶产品更明显的效果。

例1：《**蜂胶黄芪软胶囊**》（组方：蜂胶、黄芪、维生素E），保健功能：免疫调节。由北京联合大学保健食品功能检测中心，进行功能试验（受理编号：[2003]0048）。结果与判定：经口给予小鼠按高剂量服用4周后，巨噬细胞吞噬指数率提高了31%，巨噬细胞吞噬指数提高42%，效果显著。此外，还对胸腺、脾脏及整个免疫系统产生有益的影响。

例2《**蜂胶苦瓜黄芪软胶囊**》（组方：蜂胶、苦瓜、黄芪、吡啶甲酸铬），保健功能之一：辅助降血糖。经北京市疾病预防控制中心、中国中医研究院西苑医院进行辅助降血糖平行临床试验（检测编号：2004S0116）。结果判定：试食者随机分为试食组与对照组，各50例。两组原服用降糖药物和剂量不变，试食组加食本产品，对照组加食安慰剂。一个月后结果表明：本产品使空腹血糖下降1.11±1.18mmol/l，餐后血糖下降1.82±1.71mmol/l，总有效率68%，市场反馈食用2个月有效率92%；对照组空腹和餐后血糖下降均不明显，总有效率只有12.%，两组差异显著；试食前后均无明显不良影响。

例3：《**蜂灵宝胶囊**》(组方：蜂胶、灵芝孢子粉、灵芝多糖、王浆干粉)。保健功能：抑制肿瘤。经中国医学科学院对S-180、H-22小鼠移植性肿瘤的生长，分别各两次抑瘤试验（编号：营卫功检字第98065号）。结果均表明：高剂量组对S180瘤的抑瘤率达39%；对H-22瘤的抑瘤率达38%。其效果都有一定的剂量反应关系。可以认为该产品组方对动物肿瘤具有明显抑制作用。

参考文献

［1］胡福良. 蜂胶研究［M］. 杭州：浙江大学出版社，2019.

［2］胡福良. 蜂胶药理作用研究［M］. 杭州：浙江大学出版社，2005.

［3］刘富海. 神奇蜂胶疗法［M］. 第 2 版. 北京：中国农业出版社，2001.

［4］陈仁惇. 营养保健食品［M］. 北京：中国轻工业出版社，2001.

［5］国家中医药管理局. 中华本草［M］. 上海：上海科学技术出版社，1998.

［6］国家药典委员会. 中华人民共和国药典（2020 版）一部［M］. 北京：中国医药科技出版社，2020.